被讨厌的情绪

九型人格与情绪色彩

谷鹏磊　朱旭东 / 著

中华工商联合出版社

图书在版编目（CIP）数据

被讨厌的情绪：九型人格与情绪色彩/谷鹏磊，朱旭东著. -- 北京：中华工商联合出版社，2023.11
ISBN 978-7-5158-3785-7

Ⅰ.①被… Ⅱ.①谷… ②朱… Ⅲ.①人格心理学 - 通俗读物 Ⅳ.①B848-49

中国国家版本馆CIP数据核字（2023）第191087号

被讨厌的情绪：九型人格与情绪色彩

作　　者：	谷鹏磊　朱旭东
出 品 人：	刘　刚
责任编辑：	于建廷　效慧辉
装帧设计：	周　源
责任审读：	傅德华
责任印制：	陈德松
出版发行：	中华工商联合出版社有限责任公司
印　　刷：	北京毅峰迅捷印刷有限公司
版　　次：	2024年1月第1版
印　　次：	2024年1月第1次印刷
开　　本：	880mm×1230mm　1/32
字　　数：	200千字
印　　张：	8.75
书　　号：	ISBN 978-7-5158-3785-7
定　　价：	49.80元

服务热线：010-58301130-0（前台）
销售热线：010-58301132（发行部）
　　　　　010-58302977（网络部）
　　　　　010-58302837（馆配部）
　　　　　010-58302813（团购部）
地址邮编：北京市西城区西环广场A座
　　　　　19-20层，100044
http://www.chgslcbs.cn
投稿热线：010-58302907（总编室）
投稿邮箱：1621239583@qq.com

工商联版图书
版权所有　侵权必究

凡本社图书出现印装质量问题，请与印务部联系。
联系电话：010-58302915

序　言

认识自己是一生中优先等级最高的事，却也是最困难的事。

回顾一下，你在生活中是否也遇到过类似这样的困惑：

——为什么我会在某些时刻作出连自己都难以理解的行为？

——为什么别人不经意间说了一句话，我瞬间就"破防"了？

——为什么经历了许多次相同的情境之后，我还是会跌入情绪的谷底？

——为什么我习惯性地为别人付出，却总不被珍惜？

——为什么我很难信任周围的人，对每一件事都充满怀疑？

——为什么只要有人拿我比较，我就特别反感和生气？

——为什么在别人看来无所谓的小事，在我这里怎么都过不去？

……

事实上，几乎每个人在生活中都会被某些特定的问题困住，也都有相对稳固、不同于他人的情绪触发点，一旦碰到这个触发点，就会引发特定的情绪反应。

当然，情绪反应与个人的成长经历密不可分，许多勾起痛苦体验的问题都与早年的创伤有关。心理创伤的本质，可以理解为情绪郁结成疾；而心理治疗的本质，是促使个体将他们意识到的情绪、情感用语言表达出来，再协助他们将被理智和道德压制在潜意识里的情绪、情感也用语言表达出来，创伤因此得到疗愈，行为模式从而获得矫正。

如果你总是被某些相似的情境困住，诱发负面的情绪体验，而你又渴望在最短的时间内了解自己的思维模式、情绪模式以及行为模式的规律，那么这本书一定会给你带来帮助。

这本书的底层逻辑和整体框架正是围绕九型人格展开的，其落脚点是剖析不同类型人格者的情绪风格，探寻隐藏在负面情绪背后的阴影。

心理学家荣格在《人格与潜意识》里说过，阴影是由被禁止或被否认的思想、情感和欲望构成的，这些内容被压抑到潜意识里，但仍然对个体产生影响。当阴影发作时，很容易被情绪牵着鼻子走，说违心之论、做违心之事。荣格认为，通过觉察和接受阴影，个体可以更好地理解自己的内在世界，并且可以更好地处理情感与行为。

电影《迷失东京》里有这样一段对白：

——"我很困扰，会好起来吗？"

——"嗯，会的，会好起来的。"

——"是吗？像你一样。"

——"谢谢。你越了解自己和了解自己要什么，你就越不会被困扰。"

充分地了解自己，意味着不仅要认识现实中的自己，还要认识心理层面的自己，识别自己的核心人格以及隐藏的人格。碍于心理防御机制，我们通常很难认识真实的自己。觉察阴影并将其提取到意识层面，正是为了看见那些被压抑的情感情绪。当我们不再排斥或回避人格中的阴影部分，知晓它只对某些特定的情境作出反应，就可以减少不必要的内心冲突和痛苦，改善思考问题、处理问题的模式，获得心智上的成长，实现与自我的和谐相处。

在认识人格、剖析自我的过程中，我们也可以间接地学会洞悉他人，知晓不同人格类型的人思考和处事方式的差异，给予理解与尊重，并根据对方的人格特质采取不同的应对方式，让沟通变得更精准，让相处变得更容易。

在阅读本书的过程中，你可能会发现自己具有多种类型的人格特质，只是某一类型的人格比较突出，这是正常的。毕竟，人性的复杂和多样化，远远不是一长串的人格特质所能描述清楚的。况且，九型人格不是固定不变的系统，而是一个动态的模式，由相互交织的线条构成。这也意味着，每个人都可能同时拥有多个类型的人格特质，只是有些人格特质表现得比较突出，有些不太突出，或是被隐藏了而已。

荣格的人格面具理论，也可以从另一个角度诠释这个问题。荣格认为，人格是由人格面具构成的，每个人都有许多不同的人格面具，在不同的社交场合人们会戴上不同的面具、表现出不同的形象，以适应不同的情境。从某种意义上来说，成长就是使人格达到最大限度的分化、整合与协调的过程。人格面具多，证明分化得好，但这不是心理健康的唯一条件。如果人格面具之间都是疏离的，人格就会支离破碎；如果人格面具之间都是对立的，内心就会不断地产生冲突。无论是心理咨询还是心理治疗，都是对人格面具进行整合，实现终极意义上的精神统一。

人格只有不同，没有好坏之分。无论你是哪一类型的人格，都希望你能够用不加评判的视角去看待自己的特质，接纳真实的、明亮与阴影共存的自己，尊重并理解他人与自己的不同，活出灵动而舒展的人生。

万物皆有裂痕，那是光照进来的地方。

目录

导读
九型情绪
探寻人格与情绪的关系

1.1 九型人格测试，你是哪一种？ //003
1.2 九型人格的起源与发展 //013
1.3 九型三元组：思维、情感与本能 //017
1.4 不同人格类型的核心情绪 //022
1.5 人格特质、情绪与注意力焦点 //027
1.6 同一型人格，不同的发展层级 //031

第一章
1号解读
"我对故我在"的完美工匠

1.1 人格素描：追求极致的"蚂蚁" //037
1.2 健康层级：从"睿智之士"到"残酷魔头" //041
1.3 注意力焦点：避免瑕疵与错误 //046
1.4 情绪困境：总是被内在的批判家谴责 //048
1.5 思维进阶：告别非黑即白的极端想法 //051
1.6 提升练习：从完美主义走向最优主义 //054

第二章
2号解读
"我爱故我在"的助人天使

1.1 人格素描：在爱中行走的"天使" //059
1.2 健康层级：从"利他天使"到"身心病人" //064
1.3 注意力焦点：满足他人的需求 //070
1.4 情绪困扰：过度共情，忽视自我 //073
1.5 思维进阶：爱自己与爱他人不冲突 //076
1.6 提升练习：不去背负他人的情绪 //079

第三章
3号解读
"我胜故我在"的进取狂人

1.1 人格素描：不断追求成就的"斗士" //085
1.2 健康层级：从"真诚强者"到"嫉妒成魔" //090
1.3 注意力焦点：获得赞赏与认同 //096
1.4 情绪困扰：只允许成功，不允许失败 //098
1.5 思维进阶：区分成功形象与真实自我 //100
1.6 提升练习：为工作和生活划清分界线 //103

第四章

4号解读
"我独故我在"的灵感大师

1.1 人格素描：不媚世俗的"诗人" //109
1.2 健康层级：从"灵感大师"到"自毁之徒" //115
1.3 注意力焦点：生命中缺失的部分 //121
1.4 情绪困扰：卷入消极悲观的暗流 //124
1.5 思维进阶：放下对特殊性的过度追求 //127
1.6 提升练习：把注意力从幻想中拉回现实 //130

第五章

5号解读
"我思故我在"的旁观智者

1.1 人格素描：离群索居的"隐士" //135
1.2 健康层级：从"思想达人"到"分裂病人" //139
1.3 注意力焦点：对知识的探索 //145
1.4 情绪困扰：渴望真情又害怕靠近 //148
1.5 思维进阶：重新认识独立的精神内核 //151
1.6 提升练习：让行动跟上思想的步伐 //154

第六章

6号解读
"我忧故我在"的怀疑论者

1.1 人格素描：忠诚谨慎的"卫士" //159
1.2 健康层级：从"自信勇者"到"自虐狂人" //164
1.3 注意力焦点：一切潜藏的危险 //170
1.4 情绪困扰：把质疑与猜测当成现实 //173
1.5 思维进阶：生命不是一场防御的游戏 //176
1.6 提升练习：安心地追求并享受成功 //180

第七章

7号解读
"我乐故我在"的娱人先生

1.1 人格素描：追求趣味感的"玩家" //185
1.2 健康层级：从"生活大师"到"惊恐患者" //191
1.3 注意力焦点：与快乐有关的事物 //196
1.4 情绪困扰：害怕面对现实中的痛苦 //199
1.5 思维进阶：分清健康自恋与病态自恋 //203
1.6 提升练习：诚实地面对痛苦的体验 //206

第八章

8号解读
"我强故我在"的魅力领袖

1.1 人格素描：充满正义的"强者" //211
1.2 健康层级：从"宽宏之士"到"暴力之王" //217
1.3 注意力焦点：关乎自我利益的事物 //222
1.4 情绪困扰：无法掌控身边的一切 //224
1.5 思维进阶：承认脆弱不等于懦弱 //227
1.6 提升练习：学会尊重、爱与包容 //233

第九章

9号解读
"我安故我在"的和平使者

1.1 人格素描：平静温和的"善者" //239
1.2 健康层级：从"自律楷模"到"自弃幽灵" //244
1.3 注意力焦点：避免纷争与冲突 //250
1.4 情绪困扰：不断顺从却仍被忽视 //255
1.5 思维进阶：愤怒是强有力的保护者 //260
1.6 提升练习：打破不敢拒绝的枷锁 //264

| 导 读

九型情绪

探寻人格与情绪的关系

1.1 九型人格测试，你是哪一种？

此刻，你肯定迫不及待地想要了解，我是九型人格中的哪一种呢？

下面是一个简单的九型人格测试表，可以在较短时间内帮你初步判断你是九型人格中的哪一类型。测试题目共计108个，在你认为符合自己性格描述的题号前面打"√"，根据测试题后的题号分类，统计出你拥有哪一人格型号的描述最多。注意，这里的测试结果只作为参考，想要进行准确的判断，还需要对九型人格进行更深入的了解和揣摩分析。

（　）01. 我很容易迷惑。

（　）02. 我不想成为一个喜欢批评的人，但很难做到。

（　）03. 我喜欢研究宇宙的道理、哲理。

（　）04. 我很注意自己是否年轻，因为那是我找乐子的本钱。

（　）05. 我喜欢独立自主，一切都靠自己。

（　）06. 当我有困难的时候，我会试着不让人知道。

（　）07. 被人误解对我而言是一件十分痛苦的事。

（　）08. 施舍比接受会给我更大的满足感。

（　）09. 我常常试探或考验朋友、伴侣的忠诚。

（　）10. 我常常设想最糟糕的结果而使自己陷入苦恼中。

（　）11. 我看不起那些不像我一样坚强的人，有时我会用种种方式羞辱他们。

（　）12. 身体上的舒适对我非常重要。

（　）13. 我能触碰生活中的悲伤和不幸。

（　）14. 别人不能完成他的分内事，会令我感到失望和愤怒。

（　）15. 我时常拖延问题，不去解决。

（　）16. 我喜欢有戏剧性、多姿多彩的生活。

（　）17. 我认为自己非常不完善。

（　）18. 我对感官的需求特别强烈，喜欢美食、服装、身体的触觉刺激，并纵情享乐。

（　）19. 当别人请教我一些问题，我会巨细无遗地分析得很清楚。

（　）20. 我习惯推销自己，从不觉得难为情。

（　）21. 有时我会放纵自己，做出不理智的事情。

（　）22. 帮助不到别人会让我觉得痛苦。

（　）23. 我不喜欢人家问我广泛、笼统的问题。

（　）24. 在某方面我有放纵的倾向（例如食物、药物等）。

（　）25. 我宁愿适应别人，包括我的伴侣，而不会反抗他们。

（　）26. 我最不喜欢的一件事就是虚伪。

（　）27. 我知错能改，但由于执着好强，周围的人还是感觉有压力。

（　）28. 我常觉得很多事情都很好玩，很有趣，人生真是快乐。

（　）29. 我有时很欣赏自己充满权威，有时却又优柔寡断，依赖别人。

( ) 30. 我习惯付出多于接受。

( ) 31. 面对威胁时，我一面是很焦虑，一面对抗迎面而来的危险。

( ) 32. 我通常是等别人来接近我，而不是去接近他们。

( ) 33. 我喜欢当主角，希望得到大家的注意。

( ) 34. 别人批评我，我也不会回应和解释，因为我不想发生任何争执与冲突。

( ) 35. 我有时期待别人的指导，有时却忽略别人的忠告，径直去做我想做的事。

( ) 36. 我经常忘记自己的需要。

( ) 37. 在重大危机中，我通常能克服对自己的质疑和内心的焦虑。

( ) 38. 我是一个天生的推销员，说服别人对我来说是一件容易的事。

( ) 39. 我不相信一直都无法了解的人。

( ) 40. 我爱依惯例行事，不大喜欢改变。

( ) 41. 我很在乎家人，在家中表现得忠诚和包容。

( ) 42. 我被动而优柔寡断。

( ) 43. 我很有包容力，彬彬有礼，但跟人的感情互动不深。

( ) 44. 我沉默寡言，好像不会关心别人似的。

( ) 45. 当沉浸在工作中或我擅长的领域时，别人会觉得我冷酷无情。

( ) 46. 我常常保持警觉。

(　) 47. 我不喜欢对人尽义务的感觉。

(　) 48. 如果不能完美地表态，我宁愿不说。

(　) 49. 我的计划比实际完成的还要多。

(　) 50. 我野心勃勃，喜欢挑战和登上高峰的滋味。

(　) 51. 我倾向于独断专行并自己解决问题。

(　) 52. 我很多时候感到被遗弃。

(　) 53. 我常常表现得十分忧郁的样子，充满痛苦而且内向。

(　) 54. 初见陌生人时，我会表现得很冷漠、高傲。

(　) 55. 我的面部表情严肃而生硬。

(　) 56. 我很飘忽，常常不知自己下一刻想要什么。

(　) 57. 我常对自己挑剔，期望不断改正自己的缺点，以成为一个完美的人。

(　) 58. 我非常敏感，并经常怀疑那些总是很快乐的人。

(　) 59. 我做事有效率，会找捷径，模仿力特别强。

(　) 60. 我讲理，注重实用。

(　) 61. 我有很强的创造天分和想象力，喜欢将事情重新整合。

(　) 62. 我不要求得到很多的注意力。

(　) 63. 我喜欢每件事情都井然有序，但别人会以为我过分执着。

(　) 64. 我渴望有完美的心灵伴侣。

(　) 65. 我常夸耀自己，对自己的能力十分有信心。

(　) 66. 如果周围的人行为太过分，我准会让他难堪。

(　) 67. 我外向，精力充沛，喜欢不断追求成就，自我感觉十分良好。

( ) 68. 我是一位忠实的朋友和伙伴。

( ) 69. 我知道如何让别人喜欢我。

( ) 70. 我很少看到别人的功劳和好处。

( ) 71. 我很容易看到别人的功劳和好处。

( ) 72. 我嫉妒心强,喜欢跟别人比较。

( ) 73. 我对别人做的事总是不放心,批评一番后,自己会动手再做。

( ) 74. 别人会说我常戴着面具做人。

( ) 75. 有时我会激怒对方,引来莫名其妙的吵架,其实我是想试探对方爱不爱我。

( ) 76. 我会极力保护我所爱的人。

( ) 77. 我常常刻意保持兴奋的情绪。

( ) 78. 我只喜欢与有趣的人为友,对一些人却懒得交往,即使他们看起来很有深度。

( ) 79. 我常往外跑,四处帮助别人。

( ) 80. 我有时会讲求效率而牺牲完美和原则。

( ) 81. 我似乎不太懂得幽默,没有弹性。

( ) 82. 我待人热情而有耐性。

( ) 83. 在人群中我时常感到害羞和不安。

( ) 84. 我喜欢效率,讨厌拖泥带水。

( ) 85. 帮助别人达到快乐和成功是我最重要的成就。

( ) 86. 付出时,别人若不欣然接受,我便会有挫折感。

( ) 87. 我的肢体硬邦邦的,不习惯别人热情的付出。

(　) 88. 我对大部分的社交集会不太有兴趣,除非那是我熟识的和喜爱的人。

(　) 89. 很多时候我会有强烈的寂寞感。

(　) 90. 人们很乐意向我表白他们所遭遇的问题。

(　) 91. 我不但不会说甜言蜜语,而且别人会觉得我唠叨不停。

(　) 92. 我常担心自由被剥夺,因此不爱作出承诺。

(　) 93. 我喜欢告诉别人我所做的事和所知的一切。

(　) 94. 我很容易认同别人为我所做的事和所知的一切。

(　) 95. 我要求光明正大,为此不惜与人发生冲突。

(　) 96. 我很有正义感,有时会支持不利的一方。

(　) 97. 我注重小节而效率不高。

(　) 98. 我容易感到沮丧和麻木更多于愤怒。

(　) 99. 我不喜欢那些具有侵略性或过度情绪化的人。

(　) 100. 我非常情绪化。

(　) 101. 我不想别人知道我的感受与想法,除非我告诉他们。

(　) 102. 我喜欢刺激和紧张的关系,而不是确定和依赖的关系。

(　) 103. 我很少用心去听别人的感受,只喜欢说说俏皮话和笑话。

(　) 104. 我是循规蹈矩的人,秩序对我十分有意义。

(　) 105. 我很难找到一种让我真正感到被爱的关系。

(　) 106. 假如我想要结束一段关系,我不是直接告诉对方而是激怒对方让他离开我。

（　）107. 我温和平静，不自夸，不爱与人竞争。

（　）108. 我有时善良可爱，有时粗野暴躁，很难捉摸。

测试答案：

○1号：完美型—2，14，55，57，60，63，73，81，87，91，97，102，104，106

严肃而认真，对待生活和工作的态度，永远都是精益求精、至善至美；喜欢有秩序的状态，讨厌凌乱和肮脏的房间，对他人的要求极高，即便是一点点瑕疵也会大发雷霆；很难相信自己足够好或有价值，内心的批判家总是不断对自己做过的事情挑刺；相信每一件事都应该按照正确的方式完成；对待爱情相当忠诚，眼里容不下沙子。

○2号：助人型—6，8，22，30，69，71，79，82，85，86，89，90

温和而友好，随时准备帮助别人，似乎生活的意义就是为了让别人开心；对人的真诚和体贴是世态炎凉中的一抹阳光，但这种付出不总是出于无私，有时也是为了获取回报；试图用满足他人需求的方式建立关系，经常为了成全别人而委屈自己，忽略真实的意愿。

○3号：进取型—20，33，38，59，65，67，70，72，74，77，80，93

务实而狂热，做一件事总是不断分析有何利益可图，做事效率超高；始终把事业放在第一位，喜欢设定短期或长期的目标，且通常都会实现；不轻易表露出愤怒、悲伤、恐惧和失望等情绪，总在没人时才去处理这些感受；容易忽视身边的伴侣，遭到伴侣的埋怨。

○4号：自我型—7，13，17，52，53，54，56，58，61，64，100，105

烂漫而忧郁，高兴时开怀大笑，难过时号啕大哭，不惧怕他人的眼光，活得真实而自我；害怕束缚，不喜欢循规蹈矩，不会勉强自己做不喜欢的事，自由和爱就像空气和水，不可或缺；习惯活在幻想的世界里，不迷恋金钱，认为爱才是最宝贵的财富；能够忍受忧愁，经常从悲惨的东西中获取力量；重视率性，厌恶虚伪，与人相处时会本能地建立更深的交情。

○5号：洞察型—3，19，23，32，42，43，47，48，51，83，88，99，101

冷静而理性，脸上永远是一副深沉的表情，不喜欢与人交往，喜欢在独处中思考；渴望充足的资源，从而不必依赖任何人；不会与人走得太近，认为距离是一种安全和尊重；对不确定的事物保持审慎的态度，不轻易在人际关系中发表言论、展现自己。

○6号：多虑型—9，10，26，29，31，35，37，45，46，68，75

谨慎而多疑，难以相信任何人，甚至对自己也不信任；总会想到事物最坏的一面，也总是怀疑别人对自己心怀不轨，活得战战兢兢、如履薄冰；需要安全感和确定感，畏惧失败，不会轻易作出决策；不想成为焦点，只想负责任地把自己的事情做好，并希望其他人也如此；关注共同利益，是组织中的"黏合剂"。

○7号：享乐型——4，16，18，21，28，49，78，92，103

乐观而自由，喜欢及时享乐，信奉"今朝有酒今朝醉"的生活哲学；对赚钱没有太大兴趣，很少有世俗的偏见，能跟任何人打成一片；讨厌日复一日，回避程式化的生活；害怕承诺，担心因此失去自由，畏惧承担责任；回避痛苦的经历，擅长否认，用逃避来掌控恐惧。

○8号：领导型——5，11，24，27，40，44，50，66，76，84，95，96

威严而强势，倾向于极端化地看待一切；充满正义感，愿意为弱势群体挺身而出；喜欢命令他人，成为关系中的焦点；比其他型的人拥有更多的活力，能够为自己正在做的事情倾尽所有，愿意与全力以赴的人交往；在爱情观上，认为爱对方就要保护对方不受伤害；不习惯表露感情，有时甚至会用激怒对方的方式，来确认对方对自己的感情。

○9号：调停型——1，12，15，25，34，36，39，41，62，94，98，107，108

平静而温和，也许不是最厉害的人，却能把最厉害的人聚集在自己周围；胸怀博大，很少与人争吵，努力抑制任何可能会导致冲突的东西，阻止任何会破坏和平的事情；不愿主动解决问题，用消极反抗来控制愤怒的情绪；性格温和，忠诚且喜欢亲密关系，不失为一位好伴侣。

1.2 九型人格的起源与发展

在这个世界上,你最想了解的人是谁呢?

如果答案只能有一个,也许多数人的回答都会指向自己!

认识自我是人类的天性,这种强烈的渴望受两方面因素的驱使,一是好奇,二是实用。

心理学家认为,人的本性是不满足,而好奇就是不满足心态的一种外在表现形式。人会通过好奇来促使自己去了解更多的事物,来缓解不满足的需求。如此一来,人生就成了不断发现问题和解答问题的过程。

人渴望了解自己,也希望可以生活得更好。人类大都是在感到困惑和痛苦的时候,才会提出各种疑问,滋生渴望了解自己的欲望。实际上,令人产生负面情绪的并不是外界的事物,而是自身对事物的看法。换而言之,要解决问题,还得向内寻找答案。

那么,我们该怎样来认识自己呢?

这就涉及应用心理学的问题。应用心理学致力于把心理学理论用在促进人类社会的发展、解决人类心理问题的实践活动中,它分为多个研究方向。九型人格作为一个定位人的本性、人的内心如何运作的工具,可以帮助人们更好地洞察自己和他人的人格特质、情绪反应模式,并分析成因。从这个角度来讲,九型人格也属于应用心理学的一个分支。

九型人格，英文名称是Enneagram，它源自希腊文Ennea（九）和Gram（图形）两个词语，其意思是指由"九"所构成的图形，现在则专指九型人格学说。

九型人格是研究人格的一种方法，起源时间和形成经过已不可考，研究者普遍认为，这是一门古老的智慧，可追溯到公元前2500年甚至更早。一种观点认为，九型人格来自古老而神秘的苏菲教，其教义认为：在人追求至高觉悟的过程中，人的性格将成为他们发掘自身潜力的引导者。

据说，当时的苏菲教中有一位长者，很擅长开导人，被人称为"灵性教师"。

灵性教师经常与弟子们一起探讨问题。随着接触的增多，他发现了一个问题：不同的弟子有不同的表现，有的不修边幅，有的很在意形象；有的喜欢思考，有的善于辩论；有的急于知道答案，有的却能安静地享受分析问题的过程。

弟子之间的这些差异，是什么原因所致呢？带着这个疑问，灵性教师开始对人们的各种表现进行分析、总结，并把有同一性格特征的人归为一类，最终共归结出九种类型。后来，又经过更多的调查研究，灵性教师发现，生活中的每个人都离不开下面这九种类型：

1号——完美型

2号——助人型

3号——进取型

4号——自我型

5号——洞察型

6号——多虑型

7号——享乐型

8号——领导型

9号——调停型

这就是九型人格的雏形！不过，这一神奇的发现，只属于苏菲教派的灵性教师，他们用以开启教众的灵性，且数千年以来都是秘密地流传，从未公之于众。每一个前去请求灵性教师解决困扰的人，最终都会得到满意的答案，哪怕他们遇到的是相同的困惑，但解答却因人而异。

1920年，有着希腊血统的俄罗斯青年乔治·伊万诺维奇·葛吉夫，把九型人格带入了西方，让全世界范围内都开始陆续接触和了解这一性格分析说，并开始了九型人格的文字历史，让我们在今天能够方便地查阅和利用它进行性格分析和自我提升。

葛吉夫把九型人格带入了西方，教会人们如何训练注意力，但真正把这门学说发扬光大的是艾瑞卡学院的创办人奥斯卡·伊察索。伊察索把人类的九种情绪加入九型人格中，并将这套学说用作人类心理训练的教材。

不少心理学家、精神病学家都曾经追随伊察索学习九型人格，也正因为此，九型人格才得到了系统化和广泛化的传播。当然，还有众多学派和应用领域的九型人格研究者和贡献者，以及国内许多学者和导师，在此就不逐一介绍了。对于这些在九型人格发展和传承之路上作出巨大贡献的学者们，无论是出于对这门性格分析学说发展史的了解，还是对他们潜心进行研究的尊重与敬仰，都是值得铭记的。

1.3 九型三元组：
思维、情感与本能

在研究九型人格的过程中，葛吉夫和伊察索都发现了一个问题，人的智慧有三种形式，即精神智慧、情感智慧和本能智慧，这三种智慧分别对应人身体的三个中心——脑、心、腹。

智慧的三种形式

脑，是思考中心，以思考和理性为导向，包括分析、记忆、投射有关他人和事件的观念，以及计划未来的活动等。

心，是情感中心，以感受和感性为导向，是体验情绪的地方，借助无声的感觉器官，告诉我们有什么感觉，而不是对事情的想法。

腹，是本能中心，以行动为导向，我们可以在自我保护、情爱关系、社会生活关系三个方面感受到它的影响。

不同的人格类型，分属于不同的中心，因此九种人格可以分成三个三元组：

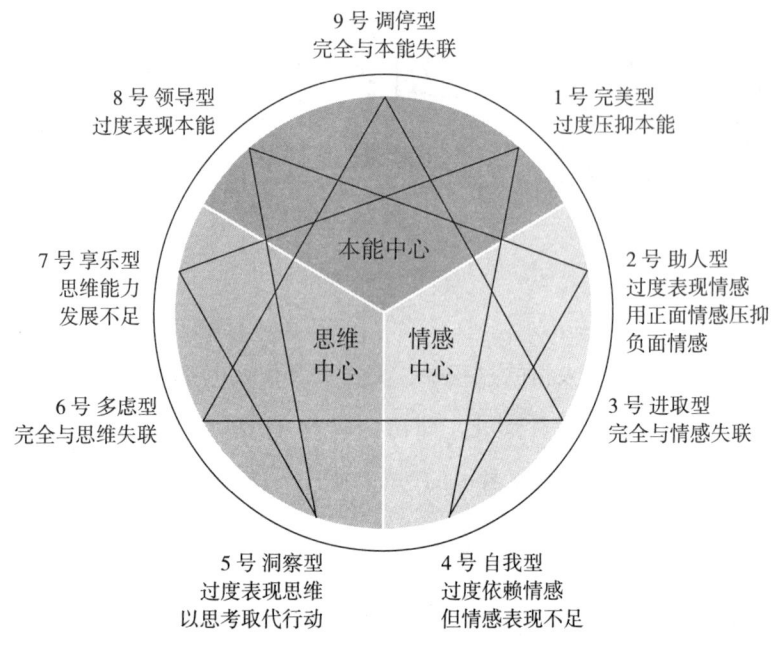

○ 思维三元组——5号洞察型、6号多虑型、7号享乐型

共同特质——遇事时的直接反应是源于分析、了解和总结

思维三元组的人格者，优势和弱点都与思维能力有关。他们总觉得自己缺少他人和环境的必要支持，为了获得足够的安全感，克服内心的恐惧，会以不同的方式来缓解自己的焦虑。

5号洞察型，长于思考，拙于行动。头脑中的奇思妙想不断，让他们沉醉于其中，致使不太愿意付诸实际行动。以思考取代行动的做法，容易让他们沉浸在日益复杂又封闭的思想中。

6号多虑型，完全与自身的思想脱离联系，不太相信自己，依赖权威为自己指明方向，同时又认为必须通过对抗权威的形式来展示自己独立的思想。

7号享乐型，思维能力发展不充分，做事三分钟热度、虎头蛇尾，很难完整地思考问题，一件事还没有处理完，就把注意力转到了其他地方。

○情感三元组——2号助人型、3号进取型、4号自我型
共同特质——遇事时的直接反应是源于情绪、感觉和感情

情感三元组的人格者，理解世界的角度往往是从情感出发，遇到问题时惯性地关注内在的感受，感受的好坏直接影响他们的决策。他们都很在意别人对自己的看法，能够迅速感知和回应他人的心情和需要，也会用各自独有的方式来赢得他人的好感和尊重。

2号助人型，过度表现自己的情感，且只表现正面的情感、压抑负面情感，这种压抑有时显得很戏剧化，甚至是歇斯底里的。

3号进取型，完全与真实的情感失去联结，努力扮演成功者的样子，给他人留下好印象，以求得更多的欣赏与认可。

4号自我型，十分依赖情感，但情感表现不足，因而把注意力转移到自我的情感和想象世界，从而构建某种理想化的自我形象。他们试图通过某种艺术或审美的生活间接地显示自己的与众不同，来获得自认为"独特"的自我感觉。

○本能三元组——8号领导型、9号调停型、1号完美型

共同特质——遇事时的直接反应是用即刻行动解决问题

本能三元组的人格者，面对的核心问题是"压抑"与"攻击"，他们都在以各自的方式来维护自身的某种边界，以此来抗衡他人对自己的影响，从而维系内心的平衡。

8号领导型，过度发展了对世界的本能反应，很难停下来预想行动的结果。他们攻击性和控制欲都很强，急于展示自己的不凡，总想控制周围的一切，不太在意他人的感受。

9号调停型，完全与本能冲动脱离了联系，不愿对世界作出反应；会把别人或某种抽象的观念过度美化，以便回避现实冲突，以维持内心的稳定与宁静。

1号完美型，过度压抑本能，很难与自己的本能冲动达成平衡，总是不断加大克制的力度。他们希望一切都是完美无缺的，很容易产生紧张、愤怒的情绪，极力对抗内心世界中一切非理性的东西，唯恐自己走向失控。

无论一个人的人格类型属于哪一个三元组，他都具备用思维、情感和本能来应对环境的能力。之所以偏重其中的一种作为感觉并回应问题的主要方式，是因为他们在早时期自我对某种能力的认同超过了另外两种，但这并不意味着其他两种能力就消失了。

鉴于此，九型人格理论的世界权威专家海伦·帕尔默提示我们:"每个人都拥有三种最基本的关系领域,其中一种关系比另外两种更容易受到伤害。当某一种关系受损时,我们就会在精神上格外关注这个方面,以缓解由此引发的焦虑。"

1.4 不同人格类型的核心情绪

每个人都是独一无二的，我们经常会说这句话，但人与人之间的差异表现在哪里，又是怎样形成的，却鲜有人能够给出合理的解释。不仅如此，我们还可能会对个体之间的差异产生严重的误解，继而引发冲突、隔阂与痛苦。

不只是看不懂他人，有时连自己也看不清楚：不明白为何总在不快乐、没有成就感的漩涡里徘徊；在感情中一次次地被错误的人伤害；期待被身边的人认可，不自觉地开启讨好模式。有时候，我们以为自己知道自己为什么会有这样的行为，其实许多行为我们并不知道原因。

无论是认识他人还是认识自己，都不能只看表面的行为，因为行为是情绪的结果。只有理解了行为产生的心理机制，才能谈得上"了解"。上一节我们说过，九型人格有三个三元组，同一三元组里的人格者有相似之处，但不同的人格者在应对问题时，仍然有其特定的回应模式。实际上，这些特定的回应模式折射出来的是不同类型人格者的"核心情绪"。

在相同的环境下，不同个体会产生截然不同的情绪，导致其最终表现出来可能完全相反的行为。所以，我们需要对环境刺激后产生的情绪种类进行区分。

大多数个体进入某一情境之后所产生的相同的情绪,叫作情境情绪。

比如,面对火灾、洪水、车祸、战争等情境时,绝大多数人都会产生恐慌、害怕的情绪。这种情绪的产生和环境联系紧密,与个体差异和人格关系不大。

当个体进入不同的情境时,最容易产生的同一种情绪或是在进入情境之前就已经存在且影响个体进入情境的情绪,叫作核心情绪。

当一个人进入某一场景,没有产生情境情绪,而是产生了另外的一种情绪,而且这种情绪对他来说是常有的事情,在许多场景之下都会产生。那么,这种情绪就是他的核心情绪,是与人格息息相关的。

美国心理学家保罗·艾克曼认为,人有七种基本情绪,即快乐、厌恶、愤怒、轻蔑、惊讶、恐惧和悲伤。那么,哪些情绪是影响人一时的情境情绪,哪些是影响人一生的核心情绪呢?

厌恶、轻蔑和惊讶这三种情绪,通常都和刺激物有关,在生活中所占的比重较小。在遇到相应的情境时,人们大都会立刻用行为来释放这些情绪能量,不太可能跨情境存在。

排除这三种之后，剩下的就是快乐、愤怒、恐惧和悲伤了。在这四种情绪中，快乐是正向情绪，其他三种是负向情绪，那么核心情绪可能由正向情绪承担吗？

答案是否定的，如果个体的核心情绪是快乐，那么他应该每天笑容满面，显然这不太符合正常人的情绪状态。最后，留给我们的、可以承担核心情绪的只有三种——愤怒、悲伤和恐惧，这三种核心情绪对应的分别是九型人格的三个中心——腹、心、脑。

腹中心人格者的行为特点，由愤怒这一核心情绪的能量决定。

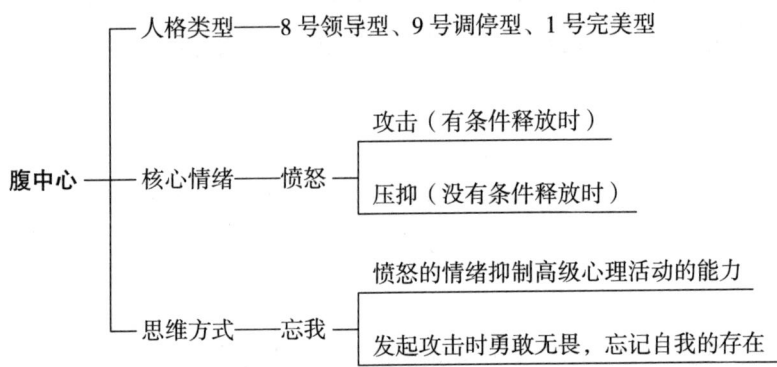

愤怒是一种原始的情绪，有快速、明显、力量大的特点。一旦愤怒的情绪被点燃，人的高级心理功能的活动就会被抑制，迅速表现出攻击行为。为此，腹中心人格者在生活中常常处于两种情绪处理的状态：条件允许，就直接把愤怒转化成攻击行为释放出去；条件不允许，就把愤怒压抑下去。

划重点

心中心人格者的行为特点，由悲伤这一核心情绪的能量决定。

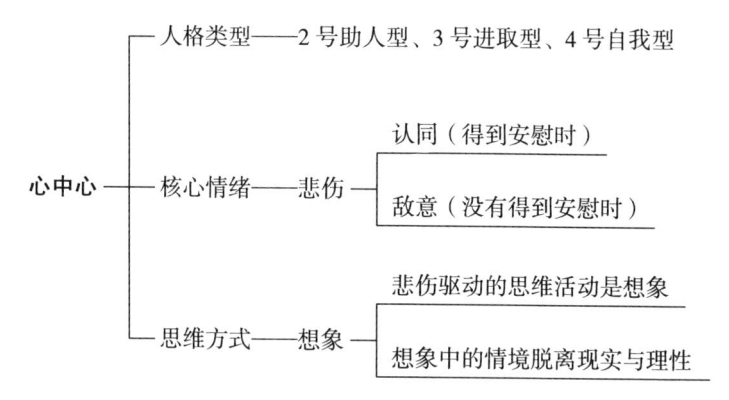

```
          ┌─ 人格类型──2号助人型、3号进取型、4号自我型
          │
          │                  ┌─ 认同（得到安慰时）
心中心 ─┼─ 核心情绪──悲伤─┤
          │                  └─ 敌意（没有得到安慰时）
          │
          │                  ┌─ 悲伤驱动的思维活动是想象
          └─ 思维方式──想象─┤
                             └─ 想象中的情境脱离现实与理性
```

从进化的角度来说，悲伤比愤怒更高级，因为只有高级动物才会产生悲伤的情绪。悲伤是一种拉近同类之间关系的情绪能量，心中心的人格者渴望与人交流，构建融洽的关系，因此他们在人际交往中更容易表现出细腻的行为。

悲伤是一种淡淡的，挥之不去又很容易反复的情绪，这些特点赋予了心中心人格者情绪多变、敏感的特质。悲伤对行为的影响，没有愤怒那么剧烈，但持续的时间更久。以悲伤为核心情绪的人格者，在行为互动中自然会寻求安慰。倘若得到了他人的安慰，他们就会表现出认同的状态；反之，悲伤没有得到安慰，或是被人伤害，就会进入敌意状态。

划重点

脑中心人格者的行为特点，由恐惧这一核心情绪的能量决定。

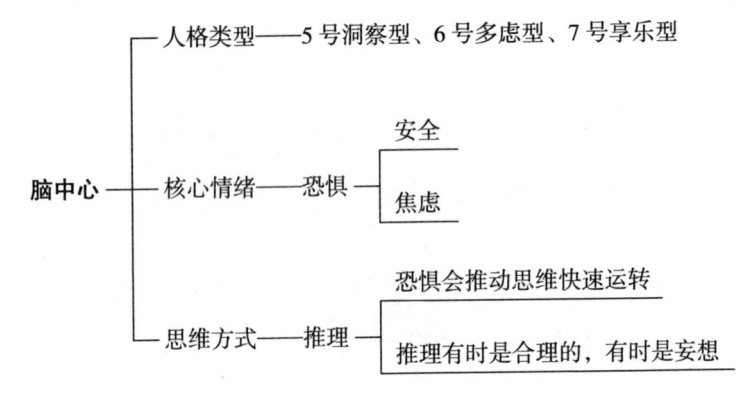

```
                    ┌── 人格类型 ──── 5号洞察型、6号多虑型、7号享乐型
                    │
                    │                         ┌── 安全
   脑中心 ─────────┼── 核心情绪 ── 恐惧 ──┤
                    │                         └── 焦虑
                    │
                    │                         ┌── 恐惧会推动思维快速运转
                    └── 思维方式 ── 推理 ──┤
                                              └── 推理有时是合理的，有时是妄想
```

恐惧，是个体在应对环境时感到能力不足的一种主观体验。恐惧会抑制人的行动能力，脑中心人格者的行动速度通常较慢，因为他们会考虑各种不安全的因素，这些可能性会形成周密的逻辑体系。脑中心人格者热衷于对知识理论的追求。

恐惧情绪发生时，脑中心人格者呈现的状态是焦虑，此时他们会进行线性逻辑推理，这种推理可能是合理的，也可能是妄想，但一定有他们的道理。脑中心人格者出于恐惧，对安全和健康的问题更加敏感和重视。

了解不同类型人格对应的核心情绪，有助于更好地认识自我、理解自我。当负面情绪来袭时，觉察隐藏在情绪背后的真实想法、感受和需求，识别歪曲的、走样的信条，纠正错误的思维方式，修正偏颇的执念，实现内在的成长。

1.5 人格特质、情绪与注意力焦点

社会学习理论的创始人阿尔伯特·班杜拉说:"我们为自己创造了决定自己命运的环境。"

回想一下,你在生活中有没有过这样的体验:越是在意一件事,越容易被它困扰,为了可能会发生的种种状况焦虑不安?越是在意一个人,越会被对方的言行左右,甚至一个眼神都让你寝食难安,反复琢磨对方的真实想法?然而,同样是面对这件事、这个人,其他人的情绪反应却未必和你一样,甚至是截然相反的。

关注的程度不同,情绪反应不同,致使最终所作的决策和行为也不一样。事事如此,长此以往就串联成了迥然各异的人生。说到底,是我们自己选择了想要关注的东西,选择了所看到的世界,继而创造了决定自己命运的环境。

从认知心理学角度来讲,这里涉及了"注意"的概念。根据注意的意识水平,注意可分为三种:无意注意、有意注意和注意后注意。其中,注意后注意也称为"注意力焦点",它与核心情绪之间有密切的关系。

划重点

无意注意,也称不随意注意,是指实现没有预定目的,也不需要意志努力的注意。无意注意维持的时间较短,通常都是很快就消失,或转移到其他事物上。

学生正在教室里早读,突然进来一位陌生的老师,大家都把目光投向了他。这种情况下,学生对陌生的老师(注意对象)没有任何准备,也没有明确的认知目的,只是因为他的突然闯入(外部刺激)才注意他。

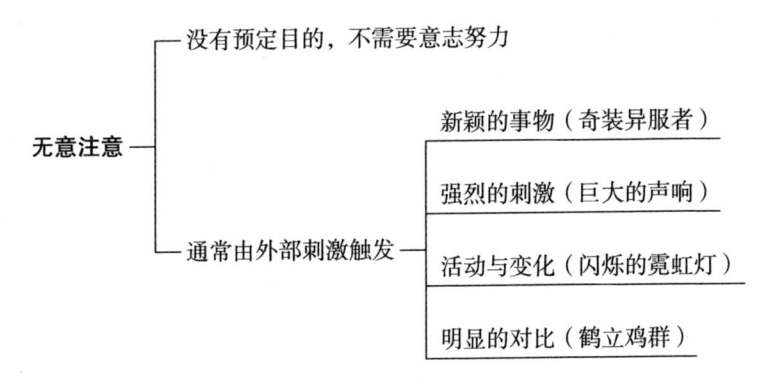

无意注意
- 没有预定目的,不需要意志努力
- 通常由外部刺激触发
  - 新颖的事物(奇装异服者)
  - 强烈的刺激(巨大的声响)
  - 活动与变化(闪烁的霓虹灯)
  - 明显的对比(鹤立鸡群)

划重点

有意注意,也称随意注意,是指有预定目的(通常是为了完成某种活动任务),需要意志努力的注意。有意注意持续的时间较长,容易出现注意疲劳,导致分心。为此,需要个体依靠意志力来排斥干扰和分心,努力完成任务。

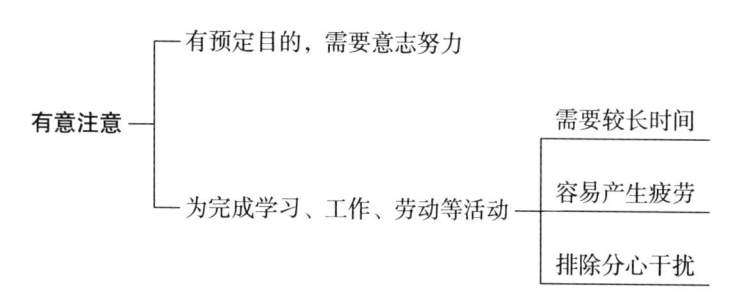

```
                ┌─ 有预定目的，需要意志努力
有意注意 ─┤                        ┌─ 需要较长时间
                │                        │
                └─ 为完成学习、工作、劳动等活动 ─┤─ 容易产生疲劳
                                         │
                                         └─ 排除分心干扰
```

在学习会计基础课程时，不少人会感到很枯燥，但为了通过职业资格考试，必须要克服困难，认真听讲、课后练习，这就是有意注意。

划重点

有意后注意，也称注意力焦点，是指有预定目的，又不需要意志努力的注意。有意后注意，是在成长过程中习得的，通常是由有意注意转化而成，属于高级的注意，有高度的稳定性。

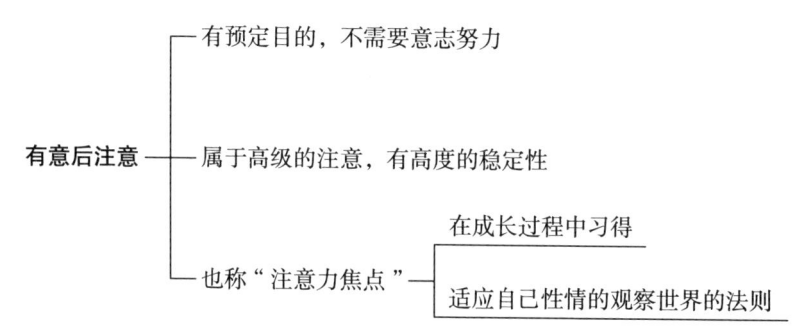

```
                  ┌─ 有预定目的，不需要意志努力
                  │
有意后注意 ─┤─ 属于高级的注意，有高度的稳定性
                  │                     ┌─ 在成长过程中习得
                  └─ 也称"注意力焦点" ─┤
                                        └─ 适应自己性情的观察世界的法则
```

无论走到哪里，建筑师都会习惯性地注意周围的建筑；出于职业习惯，警察也会更加留心周围有异样表现的人，这些都属于有意后注意。

你可能听过一句话:"问题本身不是问题,看问题的方式才是问题。"

其实,这句话的核心是在说,决定问题本身严重程度与影响度、令人陷入情绪困境难以自拔的,并不是问题本身,而是看待问题的视角。同样的处境,同样的问题,不同的人有不同的感受,情绪反应的强度也不一样,因为彼此的注意力焦点不同。

划重点

心理学上有一个说法:"注意力等于事实,焦点等于感受。"

每一种型号的人格者都是站在自己的角度看世界的,当注意力局限于某一点时,思维就很容易卡壳。了解了九型人格各自的注意焦点,就找到了打破思维局限、走出情绪困境的路径。在后续的章节中,我们会针对每一种人格类型进行详尽的介绍。

1.6 同一型人格，不同的发展层级

"同样是4号人格者，为什么有人成了创意大师，有人走向了自我毁灭？"

"我和她之间有太多不一样的地方了，可我们竟然都是3号，太不可思议了！"

……

在做过九型人格测试之后，可能你也会生出这样的疑问：为什么同一类型的人格者在惯性思维方式、行为举止和心理机制上，也表现得不太一样，甚至是大相径庭呢？

划重点

人的心理发展程度不一样，而不同的发展程度决定了个体的行为方式和思维习惯。

心理学家把每一种人格类型都归为一个总体的结构，并在此结构中按照"健康状况下""一般状况下""不健康状况下"的类别，分成9个发展层级。

简单来说，每一种人格类型都有9个发展层级：3个处于健

康状态下，3个处于一般状况下，3个处于不健康状态下。要准确认识一个人，不仅要认识其基本的人格类型，还要分析他处于基本人格类型发展的哪一个层级。有时候，两个人的基本人格类型是一样的，但由于处在不同状态的层级，因此个性就会呈现出较大的差异。

划重点

一个人的人格健康程度和他所处的发展层级密切相关。

第1层级：心理状态平衡发展，是比较理想的状态。

第2~3层级：健康的程度逐渐降低，防御机制和潜在渴望、潜在恐惧都会出现。

第4层级：开始受能量源头的影响变得轻微失衡，出现心理死角。

第5层级：防御机制会变得严重，会与周围人产生冲突。

第6层级：因为冲突而寻找过度补偿，焦虑感变强，与他人的冲突开始升级。

第7层级：因为逐渐变强的焦虑感而自我打击，出现严重的人际冲突。

第8层级：呈现出严重的心理冲突与妄想性的防御，脱离现实，表现出神经官能征的状态。

第9层级：陷入病理学状态，必须进行针对性的心理治疗。

概括来说，前3个层级都属于健康层次，是每个人自我完善与提升的方向；中间的3个层级，是有一种固有的性格模式的状态；后面的3个层级，属于不健康状态，表明已经出现了一定的心理问题。

划重点

每个人都不会一直静止在某一层级上，而是在连续的变化过程中上下移动。在移动的过程中，会出现不同的特征与防御机制，这些不同层次的特征和防御机制混合在一起，就是我们看到的真实的、有复杂性格的人。人格的完善与成长的过程，就是勇敢地卸下防御，直面内在的阴影，不断向健康的人格层级移动的过程。

第一章

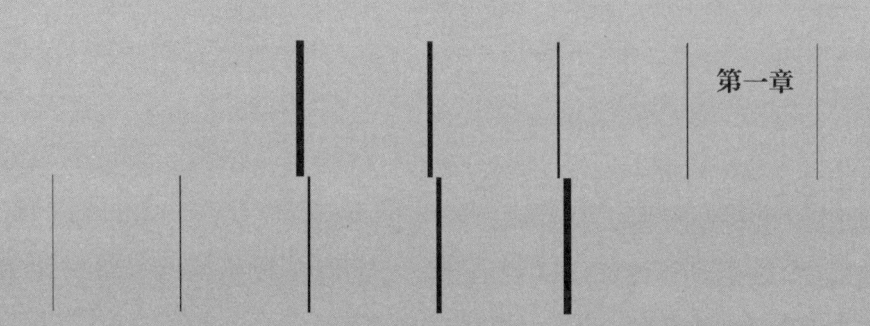

1号解读

"我对故我在"的完美工匠

1.1 人格素描：
追求极致的"蚂蚁"

老师布置了一项的作业：写一篇主题为从狩猎中学会做人的文章。

有个孩子在作业本上写道："请老师原谅，这是一篇很无聊的作文，我拒绝完成。"

老师看过后，非常生气，但又不太理解，就找到他询问："你为什么觉得这篇文章无聊？"

孩子说："我们全家都是动物保护者，狩猎是非法的，可这篇文章却要求我们写狩猎。"

老师恍悟，接着又说："我们是想从作文中学到一些做人的道理，这跟动物保护没有冲突。"

孩子回答："我不同意您的观点，如果连动物保护都做不到，还谈什么做人的道理呢？"

老师又解释："这是一篇哲学小品文，想通过一个故事给人们一些启示，你想得太多了。"

孩子坚定地说："不，我想得并不复杂，其实很简单，这篇文章触犯了我的原则。"

故事中拒绝写作文的孩子，凸显着1号完美型人格的影子。1

号就像追求极致的"蚂蚁",强调秩序感、坚守原则、精益求精,且十分勤劳,属于典型的完美主义者。

当然,每一种人格类型都是复杂的,人格特质也会因个体差异有所变化。从概括的角度来看,1号完美型人格者的特质,可以归结为5个关键词:

划重点

关键词1:规则

1号的内心充斥着各种规则与标准,无论是公司的作业流程、品质的要求、职位的责任、父母的教诲,还是社会的伦理道德,都会严格遵守。与此同时,他们也希望别人像自己一样循规蹈矩,难以容忍那些稀里糊涂过日子的人,无法接受懒懒散散的工作态度,要是看到他人有这样的表现,总是忍不住提醒对方,让他们作出改变。1号奉行绝对正直诚实的处事原则,在处理人际关系上公私分明,对事不对人,帮里不帮亲。

划重点

关键词2:自律

1号通常都很自律,时刻留意自己的言行,稍有逾矩的想法或举动,内心的批评家就会毫不留情地站出来进行自我批评。靠着这份严谨和自律,他们在工作上会精益求精,绝不会因为老板提出什么高要求而抱怨,因为他们自己设定的目标比老板的要求更高。他们很少赞赏他人，也很少嘉奖自己，哪怕做到了99分，也只会去关注那丢掉的1分。

划重点

关键词3：秩序

1号很重视秩序感，做事时通常会保持固定的习惯，即使是刷牙这样的小事，在执行的过程中，也会有一套标准化的流程，并督促自己严格遵守，不允许自己偷懒和敷衍。

"早晨刷牙的时候，我一直在想，刷牙的正确方法应该是牙刷和牙齿呈45度角，上下轻刷，在牙齿咬合面前后轻刷，每个刷牙位置至少应该轻刷10次，每次刷牙时间至少持续3分钟，而且不要忘记刷刷舌苔……我按照这一个个标准来检验自己刷牙的方法是否正确，并且一项一项地检查，如果自己哪一项没有做到，就会觉得这次刷牙是一次失败。"

——1号的内心独白

划重点

关键词4：比较

1号喜欢跟自己较劲，也喜欢与他人进行比较。他们渴望通过比较来获得优越感，期待自己永远是优胜者，是完美的化身。

"我经常不自觉地跟人比较，且对自己说：'这个人比我有钱，但他没什么文化，这方面我比他强''这个人比我瘦，但是皮肤不太好，且她显得过于单薄了''这个人去过很多国家，但他的英语水平不如我，也缺少对旅游胜地的深度体验和理解'……这种内心的比较，往往是在日常生活中不经意间就做出的，我觉得自己占了上风的时候就很得意，可如果是他人获得了胜利，我就会觉得自己是个失败者。"

——1号的内心独白

划重点

关键词5：压抑

1号习惯压抑自己的负面情绪，特别是愤怒，认为暴露出负面情绪是不完美的表现，因此要避免。他们给人一种外表冷峻的感觉，即便是表达情感，也习惯用大量的数字、标准、责任等量化性的分析来说明，这就很容易让人产生误解，其实他们的内心很友善，很懂得关心他人。

这就是1号完美型人格的特质，他们时刻以高标准、严要求对待自己和他人，注意力常常围绕在自己心目中的那个完美标准上，他们会自动参照这个标准来评判自己的思想和行为，并评判周围的世界。这种对完美孜孜不倦地追求，也促使着他们不断进步和提升。

1.2 健康层级：从"睿智之士"到"残酷魔头"

第1层级：睿智的现实主义者

第1层级的1号充满智慧，让理想与现实完美对接。他们不会苛求自己，也不会苛责他人，允许自己和他人有瑕疵和不足，可以做到全然地接纳。这个层级的1号是所有人格类型中最聪慧的，具有精准的判断力，能够快速判断现实的本来状态，也能够判断出适应现实的最合理的方式，是睿智的现实主义者。

第2层级：理性而平和的人

第2层级的1号是理性的，会从客观的角度去看待周围的一切，愿意为现实负责，能够让现实和理想处于相对平衡的状态。在智慧方面，虽不及第1层级的1号，却仍然可以分辨出现实的真实情况，也可以判断出事物的价值大小、轻重缓急。在道德层面，他们对自己有很高的要求，愿意戴上道德的镣铐翩翩起舞。他们有强烈的责任心，十分清楚哪些是自己该做的，哪些是自己不该做的。面对现实，可以保持平和的心境。

划重点

第3层级：重视原则的引领者

第3层级的1号很有原则性，会把自己作为原则的遵循者，但不会强迫他人。他们重视公平正义，讨厌生活中的不公正与不平等，希望生活充满爱与风险。在行为方面，愿意为了原则而牺牲部分个人利益，甚至不惜让自己陷入危险的境地。在他们看来，这是值得的，也是自己所能作的最大贡献。这一层级的1号，依然处于健康、充满活力的状态，他们的言行举止、所作所为，总是能够让他人感受到理想之光。

划重点

第4层级：满怀理想的改革者

第4层级的1号，有坚定的理想，恪守原则，且很想改变世界，在各种事情上都坚持高标准、严要求。他们总觉得自己比他人更优越，希望周围的人能和自己一样，为了实现某一原则而努力，看不惯敷衍了事、稀里糊涂的行事作风。一旦看到别人懒散，就忍不住要提出来，认为这种提醒是必要的；他们喜欢设定目标，日常的兴趣爱好通常也跟事业有关。

划重点

第5层级：用规则衡量世界的人

第5层级的1号，喜欢用规则衡量世界，希望周围的一切都符合自己的规则，认为这样的世界才是有序的。尽管有些规则是僵化的，但他们浑然不觉。他们严格控制自己的内心和行为，也试图控制周围的一切，经常给别人挑错，让对方理解自己的观点，认可自己的规则。他们强调秩序感，做任何事都喜欢按计划来，日程表上几乎都是工作，认为生命不能用来放松和玩乐。这个层级的1号有点吹毛求疵，在现实中经常会被压力裹挟。

划重点

第6层级：严苛的完美主义者

第6层级的1号，凡事都追求完美，只有完美才能让他们感到平静。他们事必躬亲，不允许自己犯错，对别人的要求也很严格，内心总有一个声音在说："我在为此受苦，凭什么其他人可以轻松？我要叫醒他们，与我一起承担责任。"这一层级的1号很容易走极端，要么无休止地忙碌，要么彻底地放纵，呈现出两种完全不同的状态。

划重点

第7层级：固执的愤世嫉俗者

第7层级的1号，内心的标准已经绝对化，听不进劝告，也不承认还有第二标准，只认为自己是对的。倘若世界没有按照他们的标准来发展，那就是这个世界的错。这一层级的1号，开始变得愤世嫉俗，很少批判自己，哪怕自己做得不好，但只要发现别人有更大的不足，那么自己就是"完美"的。他们可能会用酗酒等方式麻痹自己，当内心的愤怒无法熄灭时，转而向外界发泄，招来更多的反对。受伤之后的他们，会加倍麻醉自己，陷入恶性循环。

划重点

第8层级：陷入强迫中的伪君子

第8层级的1号，经常会陷入妄想中无法自拔，强迫自己的意念和行为，内心被原始欲望占据，充满了扭曲的欲望和意念，被各种阴暗情绪和欲望控制。他们对别人大力宣传道德的纯真，自己却难以克制内心的渴求，甚至陷入为自己所谴责的放纵之中。他们厌恶这种感觉，强迫自己不去做，却又控制不住，为此就不断地惩罚自己。这一层级的1号，总是用自己无法遵守的原则和标准去要求他人，被视为典型的伪君子。

划重点

第9层级：残酷的报复狂魔

第九层级的1号，内心充满了惩罚的念头，完全没有爱人之心。他们所做的一切，不是为了自己的理想，而是为了报复他人的不合作。只要看到别人不合作，就会充满怒气，千方百计地证明自己是对的，别人是错的。他们不但要证明别人有错，还要让错的人得到惩罚，为了达到这个目的不择手段，不顾惩罚的力度。即便只是被他们怀疑的对象，也要受到惩罚。这一层级的1号已经彻底丧失了理性，内心残酷，成了彻头彻尾的魔头。

1.3 注意力焦点：
避免瑕疵与错误

丁凌的母亲是一位优秀教师，深受周围人的尊敬。母亲对丁凌的管教十分严格，而她的训示也被丁凌视为真理，必须遵守。母亲的一言一行，一举一动，丁凌都悉心留意，不敢有任何的忤逆。渐渐地，她形成了一套又一套的规矩，也很自然地依照这些规矩生活。在旁人眼里，丁凌非常乖巧，也很听话，从来不会惹父母生气。

事实上，丁凌很害怕犯错，活得小心翼翼，她一直希望能用完美的表现来讨取母亲的喜欢。她总是会叩问自己：我这么做对吗？我做得够好吗？妈妈会满意吗？唯有得到母亲的肯定，她才会长舒一口气，感受到快乐。

为了获得母亲的肯定，丁凌经常主动作出牺牲，从内心对自己严格要求，试图达到母亲对自己的期待。渐渐地，她就习惯了用完美的标准要求自己，并进行严格的自我控制，而她的内心也会因此产生巨大的压力，最终形成了苛求完美的性格。

如果没有达到完美的标准，丁凌就会产生失望自责的情绪；遇到一些违背标准的事，也很容易感到愤怒不满，认为事情不该如此。这种过分追求完美的态度，让成年后的她在生活中经常遇到困惑，甚至萌生力不从心之感。

丁凌的成长经历，阐述出了1号完美型人格的可能性成因，他们可能有极其严苛的父母或其他重要长者，在成长过程中鲜少被肯定和赞美，但在触犯规则时却会遭到强烈的斥责。

划重点

高标准、严要求，带给了1号人格者自律和优秀，却也让他们活得步步惊心，习惯性把注意力焦点放在评估是非对错上。内在的信条让他们笃信，如果做得不够完美，就不会被爱。

"我总是担心自己会犯错，每天都活得战战兢兢，似乎一不小心就会犯下大错。我没法接受那样的结果，若真如此，我就没有任何前途可言了。我每天都要提醒自己谨慎一点儿，生怕发生了什么事，会让别人认为我没有能力，或是批评我。我不知道该怎么承受和面对。"

——1号的内心独白

对犯错和瑕疵的恐惧，驱使着1号不停地追求完美，他们不允许自己在任何一处环节出现差池。当他们发现那些规则不能如预期般发挥功效时，就会感到羞耻，并生出愤恨之情。他们对这个世界、对自己都会感到愤怒，可即便如此，却还是忍住情绪。

这种对不完美的过度忧虑、对犯错的极度恐惧，成了1号人格者的内在阴影，阻碍他们的发展。因为这个世界原本就不完美，固执地追求完美，只会看到自己对现实的无能为力，从而变得急躁、自卑，甚至是急功近利。

1.4 情绪困境：
总是被内在的批判家谴责

第一次面询，梅子就问咨询师："你听过红舞鞋的故事吗？"

咨询师回应："故事我听过，但我更想知道，是什么让你想起了这个故事？"

借助"红舞鞋"这把钥匙，梅子向咨询师打开了她的内心世界。

梅子和丈夫是国企员工，工作稳定，没有太大的经济负担；两人育有一女，家庭状况良好。这些年来，梅子一直在不停地读书、考试，拿到了金融学的第二学位，还通过了两门职业资格考试。这些资格证书对她来说没有太多实际用途，她似乎是习惯了这种忙碌的状态，就像是穿上了"红舞鞋"，怎么也停不下来。

之所以来做咨询，是因为再过半个月又要开始另一个职业资格考试了。虽不是什么大考，但她的焦虑指数明显上升，越临近考试越紧张，寝食难安，总是做一些和考试有关的梦。

"如果不参加考试会怎样呢？"咨询师问梅子。

"不考试，我也不知道自己该做些什么？"梅子说。

梅子平时是一个注重细节、心思缜密的人，从来不做没把握的事，喜欢按部就班，不愿意打破习惯。做任何事都要提前制定计划，不能有一点儿差池。咨询师递给梅子一张纸，让她在上面随意地画线条，只要能够表达出她当下的心情就可以。

梅子想了一会儿，在纸上慢慢地画起来：先是规整地画了三条横线，又垂直交叉地画了三条竖线，大小长短几乎一致。画完之后，她又思考了一会儿，似乎不够满意。然后，她又补充了六条线，上下各一条横线，左右各一条竖线，两条交叉的对角线。

"能说说，为什么要这样画吗？"咨询师问梅子。

"我也不知道，完全是随心的。"梅子说。

"你觉得这些线条像什么？"咨询师继续问。

"条条框框……嗯，还像藩篱。"

这幅画是梅子的心理投射，她不愿让任何线条超越界限，这也是她内心的矛盾所在：习惯把自己置身于各种规则框架中，用高标准要求自己，不断学习、考证。这种习惯性的生活方式，让人到中年需要在生活家庭方面投入更多精力的梅子，难以做出灵动的调整，故而感觉到像置身于枷锁中。

划重点

1号人格者的情绪困境来自他们的内心深处仿佛住着一个"批判家"，总是对其正常的欲望进行压制，而这种心态的外在表现就是，经常在面对选择时陷入两难的困境。

梅子向咨询师讲述道："在我生日那天，有一项重要的工作必须完成，需要加班。我特别烦，饭店里有一群朋友都在等着为我庆生。好不容易快弄完时，我发现文件里有一个错误，那一刻我特别纠结，好像有一个声音要求我必须把这件事做完美才能走，可在返工的过程中，另一个声音又在指责我放了朋友们的'鸽子'，自责感油然而生。两个小时之后，工作的问题总算搞定了，可我任何高兴的感觉都没有，反倒是为了取消聚会而耿耿于怀。"

1号在生活中经常会遇到这样的情况，明明很想去做一件事，却总是因为完美主义而要求自己克制欲望。他们往往会屈从于内在批判家的威力，但这种屈从无法消除内心的不满，残留的愤怒仍然会在心里涌。正因为此，他们面对选择的时候，总是显得很拧巴。

不仅如此，1号还总觉得，关爱自己与追求完美之间是对立的，享受就意味着堕落。哪怕他们知道自己真正的需求是什么，也会用各种理由说服自己，从而在不满的痛苦中沉沦。当内心的希望被一堆的"应该"压制后，他们仍然会强颜欢笑；即便是感到生气和愤怒，也会故意装作冷静。这样的做法，让他们距离完美更加遥远，也进一步加深了对自己的失望与谴责。

1.5 思维进阶：
　　告别非黑即白的极端想法

文森特在成为白宫法律顾问之前，职业生涯一直是很顺利的。据他的同事讲，他在事业上没有经历过任何的挫折，连一点小失败都没有。后来，由于出现了政治丑闻事件，他深感内疚。这件事让他觉得自己很失败，他没办法接受自己出现任何的纰漏，最终选择了自杀。

仅仅一次失败，就意味着整个人生都沦陷了吗？在文森特看来，情况就是如此。

然而，在英国作家琼恩眼里，"失败"却有着另外的含义："失败只是意味着剥去了生活中无关紧要的东西……现在，我终于自由了，因为我最大的坎坷已成为过去，而我依然健康地活着，这就是上天对我最大的恩赐。曾经横亘在我生命旅程中的那些障碍为我重建了生命的扎实根基……失败并不是完全意味着不幸，它给我带来了内在的安全感。失败让我认识了自己隐藏的、未知的那一部分，而这些是无法从其他事情中学到的。"

同样是失败，为什么两个人的看法大相径庭呢？其根源在于思维方式。

划重点

　　1号人格者经常会把生活、社会中的一些事物看成"要么对、要么错",没有中间状态。这种非黑即白、非对即错的极端思维,是1号人格者成长的阻碍。

　　在这种思维模式的主导下,如果做不到完美、得不到100分,他们就会把自己视为彻头彻尾的失败者,所有的自尊都会顷刻瓦解,负面情绪也会像滚雪球一样越来越大。

　　1号认为世界上的每一个问题最终都有一个正确的解决办法,并把注意力焦点都投放在这个"唯一的正确性"上面,坚信这种方法是绝对正确的,其他想法在他们眼里纯属无稽之谈。

　　之所以会产生这样的想法,是因为1号自身有强烈的优越感,总觉得如果所有人都随心所欲的话,美好的生活就会被邪恶破坏。他们将自己视为那股可以阻止邪恶的力量,把内心的标准绝对化,认为自己的标准才是唯一正确的标准。如果世界没有按照自己的标准来,不是自己错了,而是这个世界出了问题。

　　1号需要认识到世界的复杂性,懂得极端状态只是理论上的一种状态,而不是现实的情形。对现实事物来说,真假、是非、对错、好坏、美丑不是完全对立的,而是亦此亦彼的关系,在一定条件下会相互转化。如果继续用非黑即白的思维看世界,是违反事物本质的,也必将阻碍自身的发展。

　　面对成长过程中不可避免的负面情绪时,为了维持良好形象,1号通常会特意压抑自己,认为"发脾气是不好的"。其实,这也是一种错误的认知，与1号的心理防御机制有关。

划重点

1号人格者的心理防御机制是反向形成，他们的内在有一份对冲动和不良行为的憎恶，以及被压抑着的愤怒，当这些想法、感受和行为被自己讨厌时，为了缓解由此产生的焦虑，1号就会控制和强迫自己作出"言不由衷"的反应。

对1号人格者来说，只有允许自己表达愤怒与不满，才能够摆脱自身性格的局限。不良情绪的释放，可以更好地明白自己内心深处的需求，摆脱"内心批评家"的严苛控制，获得内心的平静。

1.6 提升练习：
从完美主义走向最优主义

心理学家从是否能够从容地接受失败的角度，将人的心理划分为两种：一种是"消极的完美主义"，另一种是"最优主义"。

划重点

消极的完美主义者，存在比较严重的不完美焦虑，做事犹豫不决，过度谨慎，害怕出错，过分在意细节和讲求计划性。为了避免失败，会将目标和标准定得远远高出自己的实际能力。

处于一般状态的1号人格者，大都属于这一类型。平时很难着手去做一件事，喜欢拖延，一想到可能遭遇失败，就会选择放弃；容错率特别低，任何事情稍有瑕疵，就全盘否定，陷入沮丧和自我怀疑中。这样的状态，经常让1号陷入精神内耗之中。

划重点

最优主义者，同样也有很高的期待和目标，但不被"害怕不完美"的想法束缚，也不会陷入极端思维中，认为稍不完美就是失败。他们会给予自己更大的空间进行调整。实现目标之后，也会获得成就感和满足感。

处于健康状态的1号人格者，大都比较符合最优主义。日本作家村上春树就是一个典型的例子，他说自己无论状态好不好，每天都会雷打不动地写4000字。如果实在没有灵感，就写写眼前的风景。即便写得不够好，但还有修改的机会和空间，一鼓作气写完第一稿，就是为了能给后面的修改提供基础，最糟糕的是没有内容可修改。

对1号人格者来说，从消极的完美主义走向最优主义，无疑就实现了人格健康层级的向上迁移。那么，具体该怎么做呢？

划重点

哈佛大学积极心理学与领袖心理学讲授者泰·本博士提出过一个"3P"理论，对消除消极的完美主义倾向有积极的效用。

○ Permission——允许

接受失败和负面情绪是人生的一部分，要制定符合现实的目标，采用"足够好"的思维模式。不必要求自己一定要达到令人望尘莫及的高度，符合60分的标准，就要给自己一些鼓励和认可。

○ Positive——积极面

看事物的时候，要多寻找它的积极面。即便是失败，也要把它当成一个学习的机会，看看是否能够从中学到点儿什么？

○ Perspective——视角

人格健康层级较高的人，具备一项很重要的能力，就是愿意改变看待问题的视角。1号人格者不妨问问自己："一年后，五年后，十年后，这件事还这么重要吗？"试着从人生的大格局来看待问题，就像拍照时拉远了镜头，视角会变大，能够看到一个更宽阔的视野。

第二章

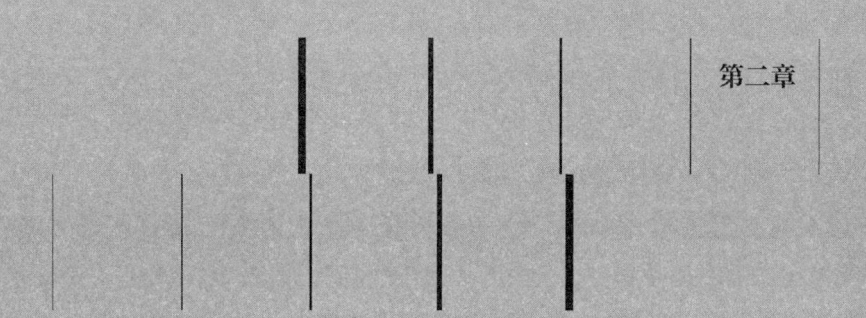

2号解读

"我爱故我在"的助人天使

1.1 人格素描：
　　 在爱中行走的"天使"

德兰修女出生于南斯拉夫，性格活泼、外向，待人友善。12岁那年，她读了一本关于如何成为修士的书，被里面的情节深深感动，并开始自问："我们活在这个世界上，并不单单只是为了个人的幸福，而应当奉献，我能做些什么呢？"

自此，德兰修女就开始了她奉献的一生。当她在孤儿院哄婴儿、换尿布时，她是育婴院的保姆；当她在贫民窟的学校时，她又化身成称职的老师；当她走进"垂死者之家"照顾病人时，又像专业护士一样为病人们喂饭擦洗。

有一次，德兰修女要到巴丹医院商量工作，在车站附近的广场旁边，她发现有个老妇人倒在地上，脸色惨白。她蹲下来仔细查看，那妇人用破布裹着脚，上面爬满了蚂蚁，头也被老鼠咬了一个洞，残留着血迹，伤口已经溃烂。

她赶紧替老妇人测量呼吸和脉搏，发现还有生命迹象存在。她想：如果任由这老妇人躺在路上，必死无疑。于是，她暂时放弃了去巴丹的行动，请人帮忙把老妇人送到附近的医院。医院最初并不愿意收治，因为老人没有家属，在德兰修女的再三恳求下，医院才勉强同意，然后对她说："必须住院，等脱离危险期后，还需要找个地方静养。"

安顿好老人后，德兰修女就去了市公所保健科，希望他们能够为贫困病人提供一个休养的场所。市公所保健科的负责人很热心，听完德兰修女的请求后，就带她去了加尔各答一座有名的卡里寺院，答应把寺庙后的一处地方免费给她使用。

由于德兰修女不是印度人，她的行为一开始遭到印度教区婆罗门的强烈反对，但她并不介意，依然在街头抢救那些临危的病患，并替他们清洗，照料他们。这些举动感动了很多印度人，他们也逐渐接纳了德兰修女。然而，仅仅靠德兰修女和修女们的工作，无法让全加尔各答的垂死者都得到救助。德兰修女认为，人类的不幸不在于贫困、生病或饥饿，而在于当人们生病或贫困时没有人伸出援手，即使死去，临终前也要有个归宿。

1979年，德兰修女获得了诺贝尔和平奖。

德兰修女，可以称之为2号助人型的代表人物，她无私地帮助穷人、服务穷人，为他们奉上无条件的爱，直至生命的最后一刻，她的精神给千万贫困痛苦的心灵带去了温暖和感动。

2号就像是在爱中行走的"天使"，其人格特质可以归结为5个关键词：

划重点

关键词1：助人

对2号来说，生命的价值和意义就是助人。他们很在意他人的感受和需要，也很热心，随时准备付出爱心给别人，看到别人满足地接受他们的爱心和帮助，才觉得自己活得有价值。

"当周围的朋友遇到困难时，我会第一时间赶去帮忙，并尽力想办法给予他们帮助，这种感觉很好。如果他们没有向我求助，我心里会很受挫，认为他们不再信任我。"

——2号的内心独白

2号喜欢助人，尤其是那些对自己至关重要的人，更是有一种牺牲自我的精神，渴望用自己的关爱让身边的人感受到自己的存在。换句话说，2号的能量来自他人对自己的需要，如果没有他人的需要，或是关爱的行为未得到回应，他们会觉得自己的存在没有任何价值。

划重点

关键词2：敏感

2号对别人的感受和情绪变化很敏感，会立刻主动采取帮助或关爱他人的行为，满足他人内心的需求。同时，他们也会因为他人的需求而改变自己的言行。

人们通常都喜欢自己，看到和自己相像的人或喜欢自己的人，自然就会产生共鸣。2号深谙这一点，并将这个心理学定律运用得炉火纯青。当然，这不是刻意而为之的，所有的举动都是在无意识情况下完成的。

"遇到一个陌生人时，我很快可以通过他们身上的气场进行初步的判断，然后不由自主地变成他们想看到的样子。我知道什么话题会是对方喜欢的，什么话题会招惹对方反感，然后尽量有针对性地去选择对方感兴趣的话题来谈。这都是在无意识的情况下自然发生的，特别是我碰到我想接近的人时，这种感觉就更加明显。"

——2号的内心独白

划重点

关键词3：回报

为什么2号会心甘情愿地为他人付出关爱、理解和支持呢？因为他们也渴望得到对方的爱，并希望自己付出的一切被认同。他们希望通过用这样的方式被人喜欢、被人感激、被人需要，这会带给2号无限的满足感和成就感。

2号的一切关爱和助人行为并不是完全无私的，他们遵循的是"先付出后收获"的原则，渴望他人能够自觉地知恩图报。如果2号付出的关爱和帮助没有得到回应，他们会产生一种毫无价值的感觉，认为自己所做的一切都被人视为理所当然，这等同于剥夺了他们的自我存在感。从这个角度来说，2号有控制他人意向的倾向，而控制他人的途径就是爱。

划重点

关键词4：牺牲

2号总是不知道该如何表达自己的需要，偶尔试着去关照自己的内在感觉，也总是空空如也。他们太过在意别人的需求和感受,总习惯用自己的付出换得他人的快乐。很多时候,他们会对自己很苛刻,甚至在关注自己的需求时产生一种罪恶感。

划重点

关键词5:迎合

2号总是会根据不同的对象来演绎不同的自我,随着周围人的要求而变化,有时他们也说不清楚自己到底是什么样的人。实际上,这也是2号人格中的一个阴影部分,为了迎合他人而失去自我。这种迎合会让他们感到疲惫,因为他们内心并不情愿牺牲自己的真实需要,可他们又相信自己的行为对他人是一种爱。如此一来,就更加拼命地迎合别人,忽略自己。

总体来说,2号待人友善、积极热心,与他们做朋友是幸福的。可是,与2号做家人,感觉却不太好。因为他们把人际关系视为自己的核心价值所在,什么事都把"外人"放在第一位,把家人往后排,经常是为了"外人"而忽略"亲人",甚至把自己应该尽的义务抛在脑后。

1.2 健康层级：从"利他天使"到"身心病人"

划重点

第1层级：不求回报的利他使者

第1层级的2号，是无私奉献的利他使者，完全忽视自己的需求，也不求对方给予回报。他们内心充满善意，渴望看到别人幸福，认为好事是值得做的，无论是谁去做，谁得到好处；只要有人受益，他们就感到满足。

在他们看来，人与人之间的关系是自由的，别人可以依赖自己，也可以离开自己，这是他们的权利和自由。他们能够客观地看待他人的需求，在尊重的基础上有选择性地给予满足，也懂得适时接受他人的帮助。这一层级的2号是所有人格中最利他的，坦率真诚，深得人心。

划重点

第2层级：为他人着想的关怀者

第2层级的2号，富有同情心，虽不如第1层级的2号那般无私，但也懂得为他人着想，并尽量满足他人的需求。他们懂得站在对方的角度去看、去听、去想，能够对他人的不幸遭遇给予共情。在经济条件允许的情况下，他们也愿意给予他人物质上的帮助，对任何事情都愿意作出正向的解释，强调别人身上的优点，淡化缺点。

划重点

第3层级：真诚清醒的扶持者

第3层级的2号，在助人方面比第2层级的2号更慷慨，愿意在精神或物质方面给予他人实际性的帮助。从这一层级开始，2号开始表现出自我牺牲的倾向。不过，此时的2号对于自己的能力和需求，依旧有着清醒的认识。他们真诚且乐于助人，但知道自己的精力和情感有限，会保持一个合理的度。这种清醒的界限，让2号拥有充分的精力去享受生活，他们经常会与人小聚，分享自己的兴趣爱好，寻求共同的快乐。

划重点

第4层级：重视回应的付出者

第4层级的2号，会把聚集在他人身上的注意力收回自己身上，从无私地付出转向不断确认对方是否对自己充满感情。他们重视人与人之间的亲密度，忽略影响人际关系的其他因素，希望别人看到自己的付出，认为关系越特殊、越亲密，就越稳定。

这一层级的2号自我已经开始膨胀，只是他们努力不让自己意识到。他们喜欢与人有身体上的接触，如亲吻、触摸、拥抱等，安慰他人时经常会紧握对方的手，或是搭对方的肩膀，给人温暖与力量。

划重点

第5层级：充满占有欲的"密友"

第5层级的2号，喜欢与人建立牢不可破的关系，对亲密的朋友有较强的占有欲，在情感上缺乏安全感，担心一旦所爱的人离开视线，就可能会离开他们。他们不会介绍自己的朋友或鼓励自己的朋友相互认识，因为潜意识里害怕自己被甩掉。当别人陷入危机时，他们会高兴地扮演保护者的角色，满足自己被需要的愿望。

这一层级的2号，过分看重爱的力量，甚至偏执地认为自己的爱可以满足每个人的需要。为此，他们经常会把自己的爱强加给别人，不考虑他人是否需要。偶尔，他们会显得有些唠叨，还喜欢打探别人的隐私，但很少暴露自己的隐私。这种不对等的沟通，有时会让他人感到为难。

划重点

第6层级：重视回报的自负"圣徒"

第6层级的2号，开始表现出这一类型人格者的阴影部分，他们有些自负,认为自己为别人做了很有意义的事,理应得到感激。哪怕是很久以前自己所做的善行,也会记得清清楚楚。倘若对方忽视了他们的付出,就会愤怒地责怪对方忘恩负义,并主动提醒对方。

这一层级的2号,努力把自己塑造成圣人的形象,高估自己善行的价值,低估别人对自己的付出。他们渴望别人的回报,需要人不断地感激,如果有人忽略了他们的美德,他们就会表现出攻击性。他们不承认自己的负面情绪,担心承认之后会被抛弃。事实上,情况可能刚好相反,他们越是不愿意承认的东西,别人越容易感觉到,而对他们发出的混杂信号感到厌烦。

划重点

第7层级:自欺欺人的操控者

第7层级的2号,把人格中的黑暗点呈现得更为明显,他们用助人的方式来操控他人:喜欢让一个人与自己对峙,而又不让对方觉察;经常暗地里刺痛别人的伤痛,而后又去安抚别人;一方面把别人弄得很消沉,另一方面又用暧昧的恭维来支持别人的自信心。他们会成为某个人最好的朋友,也会成为对方最可怕的敌人,通过操控对方来获取自己想要的情感回应。他们无视自己这些操控行为带给他人的伤害,自欺欺人地宣称自己做的都是"好事"。

这一层级的2号,潜意识里很害怕被抛弃,有强烈的不安全感,容易用暴饮暴食和药物来缓解内心的不适情绪。他们抗拒心理治疗，甚至会利用自己的心理病作为吸引他人注意的手段。

划重点

第8层级：高压性的索求者

第8层级的2号，对他人的操控欲更加严重，开始呈现精神疾病的倾向，甚至以神经质的方式强制性地要求他人付出爱。他们自认为有绝对的权利向别人索取想要的东西，因为过去自己一直在付出和牺牲，现在该轮到对方为自己牺牲了。

他们时刻渴望得到爱，也害怕失去爱，这种恐惧感让他们丧失了理性。这一层级的2号，不再维持无私的助人者形象，而是把自己定位成接受者，认为别人就该把自己的需求放在第一位，偏离了正常的人生观和价值观，偏执地渴望爱、发现爱。

之所以出现这样的情况，可能是有些2号童年生活在极度缺爱的环境中，无法理解爱的真意，很容易把身体接触当成爱。他们不会隐瞒内心的负面情绪，会尖酸刻薄地抱怨别人对他们如何不好，目的是吸引别人的关注。可最终得到的，却是别人的怨恨和愤怒。

划重点

第9层级：自我伤害的身心病人

第9层级的2号，在人格层面已经陷入了病态之中。当他们感觉无法得到他人的关爱时，会潜意识地尝试旁门左道，甚至不惜犯罪或伤害自己。他们希望自己生病，以此获得别人的照顾，尽管被照顾和被爱是两回事。在他们看来，生病是证明自己付出的一种表现——正是因为自己无私地付出，才把自己的身体累垮。

这一层级的2号，经常把负面情绪传达给身体，把焦虑化为生理症状。在外人看来，他们的行为是类似"受虐狂"的享受。实际上，他们并不享受生病带来的痛苦，而是享受病痛带给自己的各种好处，尤其是别人对自己的关爱。

1.3 注意力焦点：满足他人的需求

丽莎是一位出色的律师，她对童年记忆深刻。

大概7~8岁时，她每天睡觉前都会铺好家里的每一张床，等着看父母那份满意和愉悦的表情。在外人看来，丽莎很听话、很懂事，可她自己却过得一点都不开心。

从10岁开始，她就要煮饭打扫，照顾妹妹。长大以后，家里人对她的依赖并没有减少，每个月都要给家里寄生活费，还要供妹妹读书。虽然父母也供养她读书，在她身上投注了大量的时间和关心，可她总觉得，那都因为她"听话""懂事"，而不是因为她本身。

丽莎觉得自己在家里算是一个顶梁柱，而家里人也很看重她，这份看重来自她对家庭的付出，而不是她本身的价值。她有时也会为自己对家庭的付出萌生出一种伟大之感，但是很快她又会为自己真正的价值感到泄气。

在家里，她是父母的乖女儿，是妹妹的好姐姐；在学校里，她是老师的宠儿，是舍友的知己；在单位里，她是一个能与所有人和睦相处的人。她知道如何讨好他人，也知道怎样满足别人的需求，可她唯独不是她自己。

2号人格者在成长的过程中,内心渴望得到爱与关注,却因为种种原因未能如愿。为了引起养育者的注意,他们不得不学会察言观色、投其所好;那些渴望中的爱,通常在他们做了一些讨人喜欢的事情后偶然出现。长此以往,他们便形成了一个人生信条:想要得到,必先付出。

划重点

2号的注意力焦点是怎样满足他人的需求,包括生活、工作、学习等各个方面的大小需求。他们通常会用付出(乃至自我牺牲)的方式来满足他人的需求,以此换得对方的感激,体验"被需要"的感觉,找到自己在他人心中的位置,找到对自我的肯定。

从心理学的角度来看,长期漠视孩子情感需求的父母,无异于犯了消极虐待的错误。正因为养育者的冷漠,才锻造出了2号敏锐的识人能力,养成了"付出才有收获"的不安心理。

2号在人际交往中,非常在意自己是否被喜欢、受欢迎?为了获得他人的认同,他们会努力调整自己的感情去适应他人,养成通过满足他人的愿望来获得爱和安全感,以确保自己得到别人的关爱的习惯。这也是2号的内在阴影,在不断调适自我、迎合他人的过程中,他们会逐渐地忘记真实的自己是什么样子?

"如果我爱上一个人,我会首先打听他/她心目中理想爱人是什么样子,我会努力将自己变成他/她喜欢的样子,他/她喜欢清纯我就清纯,他/她喜欢性感我就性感……接下来,我会不惜一切代价制造和他接触的机会,比如和他/她坐同一趟公交车,住同一个小区，参加同一个聚会……我相信，只要努力，他/她一定会被我感动，接受我的告白。"

——2号的内心独白

这样的爱情宣言，只有2号才说得出、做得到。他们习惯了付出，爱别人胜过爱自己，内心经常会有这样的顾虑：如果我不爱别人，别人还会爱我吗？在亲密关系中，2号总是扮演着无私奉献的角色，心甘情愿地为所有的人付出一切，甚至迷失自己。

1.4 情绪困扰：
　　 过度共情，忽视自我

2号人格者的思维方式是以情感为导向的，始终把注意力的焦点放在他人身上，及时而敏锐地察觉到他人的需求并给予满足。从这个角度来说，他们就是天生的服务高手，凭借热情与亲和力赢得他人的好感，用细致的服务赢得对方的心。不过，这样的思维模式与行事作风，也会给2号带来一些情绪困扰，其一是过度共情，其二是忽视自我。

曾在网上读到过一篇文章，里面提到一个有关共情者的案例：

29岁的西沃恩是洛杉矶人，她在年轻时偶然会感到原因不明的疼痛，后被精神科医生诊断为患有抑郁症和焦虑症，并出现严重的惊恐发作反应。西沃恩的情绪很不稳定，医生以为是躁郁症的缘故，但她自己却坚信心理疾病并不是唯一的原因，她的情绪波动和疼痛与其他人有关。

"如果我脖子或肩膀疼，我就知道有人正在承受很大的压力。我会给周围的人发消息，看看压力来自谁，有些跟我关系密切的人会告诉我他们感觉很糟糕。我能感受到我丈夫什么时候在发愁，我会问他在愁什么，他通常都是先支支吾吾，但最后会告诉我，他确实遇到了糟糕的事情。"西沃恩后来在阅读"共情者的31个特征"

时发现，自己基本符合文中所提到的所有特征。这也让她意外地发现，自己有时会喜怒无常或刻薄蛮横，是因为接收了他人的能量。

西沃恩的经历听起来似乎有些诡异，让人将信将疑，但它确实提醒着我们，共情能力太强很可能会给自己带来伤害。

2号人格者大部分时间都处于对周围人的感受进行共情的状态——他是否正感到痛苦？如果他正在经历痛苦，我能为他做些什么？这种思维模式给2号的生活带来了极大的干扰。

划重点

在人际互动中，过度共情者很容易成为讨好者，敏锐地感受到对方的情绪，并小心翼翼地照顾对方的情绪，无法把自己和他人的情绪分离开。为此，经常受到他人负面情绪的影响，认为自己要对他人的情绪负责，有责任安抚他人的情绪。当2号对他人投入过多的热情时，就会陷入"只能看到别人"的思维模式中，从而忽视对自我的关注。

我很爱我的太太，虽然我也要上班，但还是每天都会给她准备好早餐和晚餐，把家里收拾得干净整齐。她在家就是上网、看电视，就连座机电话都懒得接。前段时间，我摔伤了腿，无法动弹，里里外外的事都压在太太身上。起初，她还挺有信心的，说自己能做好。可是，没过一星期，她就开始烦了，脾气特别暴躁，还说了一些很伤人的话。我有点寒心，自己辛苦付出了这么多，没换来她的理解和珍惜，反倒被指责和埋怨。

——2号的内心独白

人际交往是双向互动的过程，如果总是扮演给予的角色，迎合他人的需求，很少表达自我，希冀靠付出和牺牲来交换爱，结果往往会不尽如人意。这也提示2号人格者，想要真正地获得自我成长，弥补人格上的不足，不仅要正确地感知他人的需要，也要聆听自己内在的声音。

1.5 思维进阶：
爱自己与爱他人不冲突

2号在生活中会得到许多人的爱戴和依赖，因为他们总是把自己藏起来，只表现出别人需要的一面，专注于满足别人的需求，习惯从他人的依赖中寻求安全感。

这与2号的成长环境有关，他们在童年时代通过满足养育者的愿望来获得爱与安全感，并确信想要生存下去，必须获得他人的认可。为此，他们将人际关系视为维持生存最重要的条件，习惯从他人的正面赞赏中寻找安全感，总是不自觉地迎合他人，甚至被迫放弃自己的需要。

划重点

从心理防御层面来说，2号为迎合他人不自觉地改变自我，是为了避免完全暴露自己而带来的风险，这也印证了他们童年的信仰：想要获得爱与认可，就要把不被接受的东西藏起来。

2号通过付出自我来换得安全感，当别人需要他们时，他们会产生一种满足感和骄傲感，但不太愿意承认自身的需求。因为自身的需求，很有可能与他人的需求存在矛盾。满足自身的需求，就无法获得他人的认可。为了确保自己受欢迎，2号只能满足别人的期待，委曲求全。

对于2号来说，想要真正地获得自我成长，摆脱人格阴影造成的情绪困境，正视自己的感受和需要，与自己真实的感情建立连接。以下是2号人格者修正执念、思维进阶的四个要点：

> **划重点**
>
> **关心自己 ≠ 自私冷漠**
>
> 2号存在一个认知误区，总是把关心自己和自私冷漠联系起来，这是导致他们迎合、讨好他人的根源。针对这一问题，2号人格者需要觉察和反思：每天有多少时间是在揣测别人？有多少时间是在关注自己？要用什么样的方式达到别人对自己的期望，这样做的目的是什么？是为了获得感激，还是其他的什么？
>
> 思考这些问题的时间不宜过长，只要每天晚上花几分钟的时间，对白天经历的事情进行回顾，看看哪些事是顺从了自己的需要，而不是讨好他人？通过回顾以及询问自己的感受，可以对错误的执念进行修正，在下一次遇到相同的境遇时，尝试把自己的需求放在第一位。

> **划重点**
>
> **自身价值 ≠ 付出多少**
>
> 2号需要认识到，自身的价值与付出多少不是对等的关系。很

多时候，别人对你付出关爱就是出于他们的真心，并不仅仅是因为你付出了多少，或是别人有多需要你；也不是因为你对他人好，从而希望对方也对你好。要知道，被爱并不依赖于为别人改变自己，从别人那里获得帮助也并不意味着会减少他人对你的爱。

划重点

关爱他人 ≠ 压抑自我

2号应该明白，自己有获得爱的能力和权力，为他人付出是一种美好，接受也是一种艺术，没必要在交往中表现得过于卑微。就算有人不喜欢你，那也是很正常的事，用不着费尽心思去讨好对方。当自己有需要的时候，也可以直截了当地说出来，获得他人的帮助。

独立不会让你失去他人的爱，意识到自己的存在，关注自己的真实需求，多给自己一份关爱，才能拥有一个完整而精彩的人生。

1.6 提升练习：
不去背负他人的情绪

科研人员曾经通过提问的方式对66名男大学生的情商（包括共情）进行测量，如：给被试者提供人的面部图像，要求被试者回答图片中的人在表达哪一种情感，表达情感的强度有多强？随后，被试者要在主试者面前面无表情地发表一小段讲话。另外，研究人员会在被试者做表情之前，测量他们唾液中的压力激素皮质醇的水平。

研究结果显示，共情能力强的学生在接受实验操作后，压力激素水平上升较多，也就是说，他们感受到了更大的压力。同时，他们血液中压力激素水平恢复到正常所需要的时间也更长，这说明他们需要花费更长的时间才能平复自己的情绪。

过往的不少研究也发现，对他人的情感太过感同身受的人，更有可能出现抑郁症状。于是，有人就给这种共情能力过强的情况起了一个名字——过度共情综合征。

2号人格者的情绪困扰，与过度共情密切相关。他们总能敏锐地捕捉到别人不易察觉的细节，并对捕捉到的内容进行思索和解读。不过，有时候他们捕捉到的细节与当下发生的事件并没有太多的关联，所以他们经常会陷入庸人自扰中。2号还很容易体会到周围人的情绪和感受，并经常性地被卷入其中，甚至把无关的责任揽在自己身上。

大卫最喜欢说的一句话就是——你怎么了？每当和家人、朋友或同事在一起时，但凡对方在情绪上稍有波澜，大卫立刻就能觉察到，特别是悲伤、愤怒、失望等消极情绪。在大卫面前，几乎任何人都没有办法掩藏自己的情绪，哪怕他们表现得很平静、口口声声称自己没事，大卫也能够觉察到对方内心的变化。

善良又敏感的小秋，在遭遇未婚夫出轨、目睹朋友罹患重病之后，她总觉得是自己做得不够好，没能给予对方足够的关心，甚至觉得一切美好的事物都会离自己而去。有时，就连看一部悲情电影，她也会入戏太深，沉浸在主角的消极情绪中难以自拔。

如果你有2号的人格特质，且存在过度共情的倾向，不必沮丧，试着把它当成一个成长的契机，因为它在提醒你——需要强化边界意识。

划重点

在任何一段关系中，个人边界都是重要且必要的，每个人都是独立的个体，需要对自己的情绪和行为负责，不要把这份责任推卸给他人，也不必将他人的情绪和行为的责任揽在自己身上。你可以设身处地地去理解他人的感受和情绪，给对方带去心理力量，让他们积极面对自身的处境和问题。只是在给予他人共情的时候，记得把自己的情绪和对方的情绪区分开，因为每个人都需要对自己的情绪负责，也只需要对自己的情绪负责。

概括来说，要树立个人边界，摆脱过度共情的烦恼，需要从以下几方面着手：

○ step1：分清楚情绪来自谁，不把他人的情绪视为自己的情绪

每一个共情者都会对他人的情绪感同身受，但健康的共情者只是感受到了对方的情绪，而不会因为对方的消极情绪产生焦虑、不安，迫切地希望对方尽快摆脱消极情绪。

假设，你的朋友心情不好，希望独自待一会儿。面对这样的情况，健康的共情是在感受到对方的烦闷情绪后，主动为对方留出一个安静的空间；而过度共情则是，想尽办法让对方不再烦闷，似乎让对方开心是自己不可推卸的责任。

○ step2：明确对方的情绪是否和自己有关，按捺住立刻作出反应的冲动

小叶每次看到丈夫露出凝重的表情都会感到不安，总怀疑是不是自己做了什么事，让他产生了负面情绪？为此，小叶总是会做一些讨好对方的举动，以证实对方的情绪并不是指向自己，自己也不会因为丈夫的消极情绪而受到负面评价。

很显然，小叶就是一个过度共情者，她需要学会的是克制，按捺住想要即刻对丈夫的消极情绪负责的冲动，不做出取悦对方的行为。

○ step3：每个人都需要为自己的情绪负责，放弃拯救他人的全能自恋

缺乏界限感的2号，总是与他人的情绪纠缠不清，把别人的事情当成自己的事情，把别人的情绪当成自己的情绪，总想拯救

别人的难过，消除别人的愤怒，为此耗费大量的心力。这不是健康的共情，而是全能自恋在作祟——总觉得自己是全能的，觉得自己有必要在感受到他人的痛苦时去做点什么来拯救对方，要是不能让对方的情绪好起来，就会产生内疚感。

划重点

健康的共情是理解对方的感受，愿意陪伴对方去探索解决问题的途径，但不意味着要承担对方的负面情绪，为对方的情绪负责。对方是一个有独立人格的人，共情是要接纳现在的他（她），并相信他（她）有能力处理好自己的情绪和问题。有了这样的边界，就不会让自己的情绪被他人的情绪卷入，这既是对他人的尊重，也是对自己的尊重。

2号需要谨记，无论是父母、伴侣还是朋友，当自己对对方的痛苦感同身受并涌起想要拯救对方的冲动时，先冷静几秒钟，试着提醒自己：这是他（她）的情绪，他（她）需要为此负责，我没有责任也没有能力承担他（她）的情绪，我要把属于他（她）的情绪还给他（她），默默地陪伴他（她），要相信他（她）有能力处理好自己的问题！

第三章

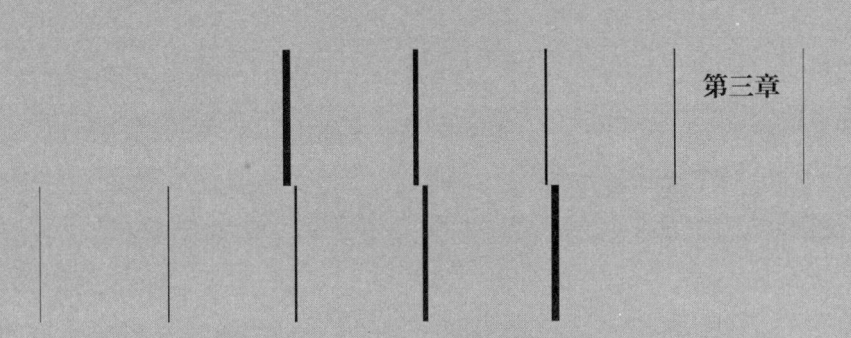

3号解读

"我胜故我在"的进取狂人

1.1 人格素描：
不断追求成就的"斗士"

拉里·埃里森是甲骨文董事长，个性张扬，盛气凌人，热衷于跟比尔·盖茨较量，把击败微软、成为世界最大的软件企业作为人生的一大目标。曾经，他毫不隐讳地说："我成功并不重要，重要的是其他所有人都失败了，那时我才是真正的成功。"

32岁之前，埃里森还是个一事无成者，读了三个大学，没拿到一个学位文凭；换了十几家公司，妻子跟着他看不到未来，也选择了离开；刚开始创业时，身上只有1200美元。但是，这都没有阻挡埃里森的脚步，他凭借不懈的努力，最终让甲骨文公司连续12年销售额每年翻一番，成为世界上第二大软件公司。

埃里森的人生目标很明确，就是简单的两个字——取胜。至于如何取胜，如何成功，如何达到目标，那都是第二位的。

埃里森把比尔·盖茨称之为"PC教皇"，因为他在操作系统的垄断地位直接影响了PC机的生产必须参照视窗操作系统进行设计。所以，他一直把超越比尔·盖茨作为自己的目标，渴望像微软公司主导个人电脑软件市场一样，让甲骨文的应用软件能够占领网络市场。对于自己公司开发的应用软件，埃里森充满自信，认为它们极具潜力。

埃里森精力旺盛，喜欢挑战，富有冒险精神，经常参加驾艇比赛、飙车，还开着一架意大利战斗机在太平洋上空跟别人进行模拟飞行。因为冒险，他多次住进医院，身上多处地方都受过伤，可这依然没有阻挡他去参加各项刺激的比赛。

有人问埃里森："你有那么多钱，有那么多事情可做，为什么还要继续执掌甲骨文公司？"

他说："因为甲骨文正在参加的这场比赛更刺激、规模更大，互联网计算这场大赛比我做过的任何事情都要激动人心。"

埃里森更符合3号人格的特质，他身上散发着积极进取的精神，总是能够做出令人瞩目的成就。对他们来说，这一生的价值就是要用成就来衡量，对于成就不如自己的人，他们很难认可；对于成就超越自己的人，他们又永远不服输。

如果说人生有赢家的话，那么3号就是赢家的代言人。他们渴望与众不同，渴望卓尔不群，是精力充沛、积极进取的"斗士"，其人格特质可以归结为5个关键词：

划重点

关键词1：焦点

3号活得很真实，从来不会刻意掩饰自己，是典型的现实主义者。他们喜欢与众不同，极力地让自己跟"平庸"划清界限，无论是衣着打扮还是生活用品，都喜欢用名牌。因而，3号给人的印象往往是风度翩翩、年轻有为，看起来就是一副成功者的样子。

3号渴望通过自己的奋斗和努力，换得他人的关注、仰慕和赞赏；渴望活在鲜花与掌声中，希望不断被加冕，成为人群中的焦点，这是他们的内在动力。许多人觉得3号是在追求自己的生活，其实他们的生活更像是一场华丽的表演，周围的所有人都是他们的观众。

划重点

关键词2：实干

3号对自己的能力满怀信心，他们希望在充满竞争的世界凭借自己的能力超越他人，建立核心优势。为此，3号从来不会虚妄度日，是绝对出色的实干家，崇尚效率和结果。他们经常在同一时间做几件事情，且有条有理，处理得很完美。

在3号看来，天上掉馅饼的好事不存在，想要生存就得用实力说话，而实力来自源源不断的努力。所以，3号不怕吃苦，也不惧压力，甚至会主动寻找压力，让自己变得更优秀。循规蹈矩不是3号的作风，他们不相信世界上只有一条正确的途径，而是会想方设法地找到一条捷径。只要没有被禁止，对他们来说就是被允许的。

划重点

关键词3：目标

在九型人格中，3号对目标的关注与执着是最突出的，一旦有了目标和方向，他们会努力克服万难。如果你劝慰3号说"别太拼命，注意身体"，这些话多半会被当成"耳旁风"，他们不可能停下来的，即使眼下这一目标实现了，还会有另外的目标到来。

在工作选择上，3号也是很现实的，他们不会纯粹为了个人兴趣去做一件事，而是必须能够收获实际利益。不然的话，在他们看来就是浪费时间。

"让我为了打发时间去做一次漫无目的的旅行，让我默默无闻，让我淡泊名利、放弃升职加薪，让我去跟别人倾诉自己的无助和失败……拜托，我做不到，你还不如杀了我！"

——3号的内心独白

划重点

关键词4：认可

3号强烈地追求胜利，并以目标为动力的原因在于，他们的自我价值评价不足。换句话说，3号需要通过自身的奋斗获得他人的赞赏、认可和注意，并以他人对自己的肯定作为成就感。如果没有他人正面的、肯定的评价，3号很难自主产生价值感。

3号最深层的恐惧是，害怕自己的奋斗得不到认可，这会让他们感到迷茫，并产生自我怀疑。他们可能会误以为是自己的形象未能引起周围人的注意，从而更多地在表面上做文章，结果更加不被肯定，陷入恶性循环。此时，他们会降低行动力，绞尽脑汁思考如何赢得他人的关注，从而沉浸在一种过分关注自我的状态中，给人一种魂不守舍的感觉。

划重点

关键词5：掩饰

每个人都渴望真实，渴望回归最本真的自我，这是3号人格者最匮乏的部分。

3号倾向于把自己最好的一面展示出来，总是根据所处的环境改变自己的角色，甚至会为了掩饰自身的不足而撒谎，以维护受人赞赏和羡慕的成功者形象。在这种不断变换形象的过程中，他们经常忽略真实的自己。

3号把自己塑造成众人喜欢的形象，并将这种表面的自我误认为是真实的、健康的自我。实际上，他们害怕与自己的内心世界接触，不敢诚实地面对自己的感受，片面地重视正向情绪，认为只有失败者、无所事事者才会沮丧，而自己这样的成功者不该有低沉的情绪。

1.2 健康层级：从"真诚强者"到"嫉妒成魔"

划重点

第1层级：处于最佳状态的真诚者

第1层级的3号，呈现出了这一型人格水平的最佳状态。他们关注自己内在真挚的情感，会顾及他人的心理感受，更能够客观地看待自己追求成功的行为，把关注点放在自我发展上，而不是获取他人肯定与赞赏。

他们可以真实地表达自己的情感，做到自我接纳，既能看到自身的优势，也能够大方地承认自身的不足。这一层级的3号给予他人的关爱和友好是真诚的，不是为了借助慷慨和仁慈去塑造一个正面的形象。

划重点

第2层级：能干且自尊的自信者

第2层级的3号，擅长发挥自身的潜能，维持一种能干的姿态，相信自己和自己的价值，努力表现出自信积极的人生态度，对他人有强烈的吸引力。他们有很强的社交能力，知道如何吸引他人的注意，并融入他人的话题，还经常能让自己成为掌控话题的重要人物。他们会塑造迷人的外表、展示自己所有的正面特质来吸引他人，让人对他们产生兴趣，继而鼓励他们给予自己更多的认可。

划重点

第3层级：充满野心的杰出人物

第3层级的3号，相信自己的价值，同时也充满野心，喜欢用各种方式提升自己，但他们不太看重名利，只是想提升能力与内涵。他们热爱工作，有强大的竞争力，会专注于目标，也充满了责任心。

这一层级的3号，潜意识里害怕别人会拒绝，或是对他们产生失望。为此，他们经常会做一些大事来增强自尊，投入大量的时间和精力发展自己，把自己塑造成杰出的人物。在人际互动中，他们是启发性的交谈者，能够激发别人、发展自己，做有意义的事。同时，他们也富有幽默感，敢于自嘲，这也让他们显得更有魅力。

划重点

第4层级：有好胜倾向的竞争者

第4层级的3号，开始呈现出好胜的倾向，高度关注自己的表现，渴望和他人不一样，认为独特是吸引他人的唯一属性。他们展示独特的方式就是与他人竞争，以获胜来证明自己是卓尔不群的。

这一层级的3号重视名利，会寻找各种代表成功的事物来强化自尊，把职业成就当作衡量人生价值的标尺，不断谋划着如何升迁，如何获得有声望的头衔。他们少了几分真诚，总是利用社交技巧掩盖自己的动机，吸引那些有价值的人来帮自己攀登高峰。

划重点

第5层级：擅长包装的实用主义者

第5层级的3号，形象意识开始凸显，高度关注自己如何被感知，成了擅长包装的实用主义者。他们追求形式上的成功，希望给人留下良好的印象，而不管这个形象是不是真实的自己。这种做法，让他们从根本上缺乏自尊。

这一层级的3号，更像是把自己当成了商品，需要借助他人的认可来证明自己的价值。对他们而言，让别人接受自己至关重要，而他们时刻都在为了这个目标而规划。过度地寻求他人的认同，让他们隐藏了真实的情感与自我表达，同时也害怕真正的亲密关系，怕被别人看穿。他们强迫自己在情感上疏离，全身心地投入到工作中，追求事业上的成功。不管是工作还是生活，这一层级的3号都更倾向于使用技巧和规则，来帮助自己达成目的。

划重点

第6层级：傲慢浮夸的自恋者

这6层级的3号，表现出了自恋的倾向，想用自身的优越感给人留下深刻的印象。他们总是反复强调自身美好的一面，让自己听起来比实际更好，以此获得他人的羡慕。实际上，他们在潜意识里很害怕自己没有价值，所以才会无休止地给自己做广告，不惜吹嘘才华、卖弄教养、凸显阅历、大秀身材。可惜，这种浮夸的表演，惹来的大都是厌烦。

这一层级的3号，总是把别人视为通向成功的威胁与障碍，习惯给人制造难题，阻碍别人进步，防止他们超越自己。同时，他们还会蔑视那些地位低、声望不如自己，或是输给自己的竞争对手。在取得一定成绩后，他们很容易自满，沉浸于自恋中虚度光阴，无法关注现实的、长远的目标，容易阻碍自己的发展。

划重点

第7层级：惧怕失败的投机分子

第7层级的3号，失去了诚实，认为生存是第一位的，害怕失败和屈辱，当常规的方式无法取得成功时，他们很可能会选择用投机取巧的手段来达到目的，如隐瞒简历、剽窃他人的作品、编造成功史等，来保持虚假的优越感。

这一层级的7号，做任何事都是为了让别人相信自己是独特的，但他们可能并没有什么独特的地方，只是为了凸显自己而歪曲现实处境。他们喜欢用价值评判他人，选择对自己有价值的人来往，利用对方。一旦对方没有价值了，就会果断放弃。所以，他们的朋友很少，即便是有，大都也是和他们一样的投机者。

> **划重点**

第8层级：恶意欺骗的谎言家

第8层级的3号，呈现了这一类型人格的阴影部分，当他们无法继续自我麻醉，又不愿意直面自身的形象不够有魅力时，就会采用恶意欺骗的方式进行伪装，用说谎的方式强迫对方关注自己，即便这些谎言有时会伤到他人。

谎言会不断带来压力，3号却要故作镇定。然而，越是这样，他们内心的壁垒越容易坍塌。在这种状况下，3号会变得危险、无情无义，不惜出卖朋友、愚弄他人，甚至是会破坏别人的工作，伤害爱自己的人。看到别人毁灭，是此时的3号获得优越感的唯一方式。他们害怕别人发现自己的真面目，也害怕因此受到惩罚，为了掩盖错误的行径，他们可能会犯下更多的罪行，最终让自己变成十足的疯子。

> **划重点**

第9层级：被嫉妒裹挟的报复狂

第九层级的3号，已接近严重的病态，内心极度自卑，认为其他人都比自己强。与此同时，他们又有强烈的好胜心，不希望别人比自己优秀。两种心理结合起来，就让他们产生了怨恨的心理，当别人在竞争中胜出时，他们就会选择报复。

这一层级的3号，完全被嫉妒冲昏了头脑，觉得所有人都是对自己破碎的自尊的一种威胁，都是要恶意报复的对象，哪怕对方只是一个心态正常的普通人，没有明显的优越之处。在丧失了最后的一点正常心智后，他们会变得无所畏惧，甚至做出一些犯罪行为，公众的谴责可以让他们获得渴望中的关注，即便是遭人唾弃，也好过默默无闻。

1.3 注意力焦点：获得赞赏与认同

陈饶有好几个兄弟姐妹，父母平时忙于工作，很少管孩子的事，她也从来没有得到过父母的关注。直到有一天，家里举办聚会，母亲突然在亲戚朋友面前称赞陈饶学习成绩好，她当时觉得特别开心，总算得到父母的夸奖了。自那以后，她变得特别努力，希望每次考试都能取得好成绩。

陈饶仍然记得六岁那年父亲对她说的话："如果你读书成绩好，只要你喜欢，就算是天上的星星，爸爸也愿意去摘。"这些话激励着她努力读书，取得好成绩，也很听父亲的话。父亲经常在人前夸赞陈饶，这让她感觉特别骄傲。为此，她也会努力达成父亲的期望，做一个其他人看来很有成就的孩子。

陈饶的父亲是一个很能干的人，在工作上得过许多奖项，那些奖章就放在家里最显眼的地方。她十分崇拜父亲，希望自己也能成为那样的人。后来，她就跟奖项结了缘，直至参加工作，仍然把获奖当成自己的人生目标，那种被关注、被称赞、被认可的感觉令她着迷。

3号人格者在成长的过程中存在一些共通之处，即早年经历过因为完成某项事情而被夸奖的情形，这给他们带来了美好的体验，以至于后来，他们会为此不断努力。每次实现目标之后，又会不自觉地寻找下一项要完成的任务。

在3号看来，想得到认可与奖赏，必须通过自己的行动来争取，而不是通过"我是谁"。他们相信，要得到他人的爱戴和认同，都只取决于自己的表现。在他们内心深处，早已经把他人给予的爱和自己的表现画上了等号。

划重点

3号的注意力焦点是如何达成目标，获得他人的认可与欣赏，最怕一事无成，也最畏惧失败。他们时刻保持高度的紧张，丝毫不敢懈怠，在这种内驱力的作用下，努力抓住生命中的每分每秒，不敢虚度光阴。

由于把过多的注意力投向了物质世界，3号在精神层面愈发匮乏，很容易滋生出空虚感。然而，他们不敢诚实地面对自己的感受，不愿正视负面的情绪，于是就用更加繁忙的工作去转移注意力，以维持一个成功者的形象。

3号的人生天秤过分地向事业倾斜，在感情方面表现得很封闭、很迟钝，且固执地认为"只有成功者才配得到爱"。他们很害怕别人看见真实的自己，很难与他人建立亲密关系，经常用物质上的馈赠来逃避情感沟通，或是对自己不成功的地方进行掩饰。他们全然不知，在感情的世界里，精神感受至关重要；只有丰富的物质基础，没有精神的交流，关系是很难持久的。

1.4 情绪困扰：
只允许成功，不允许失败

曾经收视率爆棚的电视剧《人民的名义》里，塑造了几个性格鲜明、丰满立体的角色，祁同伟就是其中之一。他从优秀的学生会主席，到满身荣光的缉毒英雄，再到省公安厅厅长，一路高升。3号成就型人格的特质，在他身上展现得淋漓尽致。

3号追求有价值的东西，当祁同伟看到权力的价值后，他开始了疯狂的追逐。出身农家的他，一心想要出人头地，当他发现凭借自己的优秀和努力根本上不去的时候，他选择了娶一个大自己10岁的女人，从此平步青云。这不是他的初衷，3号人格者都希望靠自己的能力去体现价值，所以他说："当我下跪的那一刻，我的心就死了。"

祁同伟会帮助那些八竿子打不着的亲戚，因为他想通过为人办事来彰显自己的能力和价值，这是他最看重的东西。他不止一次说："我所做的一切，都是为了改变自己和家族的命运。"很可惜，野心勃勃的他，被权力冲昏了头脑，被错误的"指挥棒"引向了无法回头的深渊。

荣耀对3号来说，犹如生命一样重要。祁同伟多希望当年在缉毒时可以壮烈牺牲，那样就是完美的人生了。所以，在最后走投无路的处境下，他选择回到孤鹰岭，那是曾经带给他荣耀的地方，也是他灵魂最美的时刻，更是他饮弹自尽的归处。祁同伟没有杀侯亮平，他不愿意玷污了这片荣耀之地。他选择自杀的方式，捍卫自己最后的尊严。

祁同伟，一个奋斗过、荣耀过、证明过自己的3号人格者。

目标感超强的3号，好胜心强，喜欢权威，以成就来衡量自我价值的高低。他们不害怕困难，却在乎成败得失，疯狂追求成就的背后，隐藏着渴望被人尊重、肯定和羡慕的内心世界。

划重点

因为太渴望获得关注与认可，3号只允许自己成功，容不得自己失败，这也给他们带来了巨大的情绪压力。一旦遭遇失败、被忽视、不被认可的情形，3号会陷入强烈的无价值感状态，被烦躁、焦虑和恐惧围剿。在他们看来，"输"就意味着没有价值、不值得被爱。

在这个快节奏、讲究高效和结果导向的时代，3号人格者很容易快速地获得"成功"，但在追求"成功"的路上，3号也要克服"总想超越他人、被人肯定与关注"的渴望。如果不断把注意力焦点投放在外界，关注别人对自己的看法和评价，无形中就把自己快乐和痛苦的权利交给了别人。长此以往，就会变得更加面具化，更难接受真实的自己。

对3号来说，摆脱情绪困境的出口，是把注意力转移到以内心为导向和自我成长上，把价值评判标准从外界收回，让自己成为表里如一的人。与此同时，不要只关注成功，还要多感受过程，正确地看待失败，尝试在失败中汲取经验和教训。

1.5 思维进阶：
　　区分成功形象与真实自我

心理学家荣格认为，每个人都有一副"人格面具"，这副"人格面具"是经过对自我人格的伪装向社会展示出来的。许多人煞费苦心地经营人设，其本质上就是无法接受现实的自我，利用"人格面具"来呈现出一个理想的、完美的自我形象。

长期躲在"人设"的面具背后，会发生什么情况呢？

答案就是，会越来越不敢面对真实的自己。如果有一天，这个"人设"遭到了他人的攻击，就会本能地去维护自己理想化的那个形象，处在无意识的自我防御和无意识地对别人攻击的认同之中，从而迷失自我。

划重点

3号的心理防御机制是自居等同，即把自己塑造成优秀者的形象，不惜切断自己的真实感受。从这一角度来说，成功者的形象就是他们为自己打造的"人设"。

3号就像一只为了美好形象活着的孔雀，只要周围有人鼓掌叫好，就会展翅开屏，秀出漂亮的孔雀翎。享受周围人投来的惊艳的目光与热烈的喝彩是3号人格者的生存动力,为了赢得他人的关注和赞扬,他们不惜自我欺骗,根据所处的环境改变自己,把不同的角色饰演得出神入化,别人很难看出破绽,而他们也分不清楚到底哪一个才是真正的自己。当他们投入自己饰演的人设中时,会沉迷在一种被关注、被尊崇的"成就感"中,这种感觉实在太美好,他们太害怕失去,于是就找各种理由欺骗自己,压制消极的感觉。

这样的"成功",真的是成功吗?这样的"人设",是真实的自我吗?

我曾经想过,是什么让人变得伟大?那就是所有使我们与其他人相同的事物,都会让我们变得伟大,而任何与其他人的偏离,都会让我们变得微小。这种伟大是一种谦虚的伟大,透过这种伟大,我们可以安详轻松地穿梭在所有人之间。一旦有人让自己变得比其他人更大,其他人就不想和他在一起。这种把自己变得比其他人更大的方式,会产生攻击性。相反地,表现得和其他人平等一致,这样的人无论在任何地方都会受欢迎。

——德国心理治疗师伯特·海灵格

海灵格的这番话,是给予3号最好的劝诫与忠告。

人设是一个圈套,把原本有瑕疵不足的普通人,套进了完美无瑕的框架。一旦被发现两者之间存在差异,人设就会轰然倒塌。从人设诞生的那一刻开始,就像是撒了一个弥天大谎,往后的日子都要提心吊胆地去维系这个谎言,由此产生的精神内耗是巨大的。

一旦套入某种人设,沉迷于扮演他人眼中的成功者角色,就注定要活在别人的期待中。3号的情绪痛苦正源于此：为了表现得比其他人优秀，拼命压制真实的感受。久而久之，不被理解的孤独、无法活出真实自我的痛苦，越来越严重。当遭遇了失败，或是人设形象崩塌，让人发现了他们的真实自我，会给他们造成无比沉重的打击。

划重点

如果3号能从自我欺骗中走出来，把注意力放在自己的感觉和需求上，把饰演的形象和真实的自我区分开，就能从傲娇的孔雀进化成翱翔天际的雄鹰。待到那时，3号就变得目光敏锐、勇气可嘉，不断在声浪里磨砺自己的意志，善于独处，而不像孔雀那样寂寞难耐。更难能可贵的是，鹰不仅在形态上雄姿赳赳，令人仰视，而且给人一种睿智、能干而且沉得住气的感觉。

1.6 提升练习：
为工作和生活划清分界线

35岁的孙恺，有过两段无疾而终的恋情，其根源与他的"工作狂"状态不无关系。

以最近刚结束的这段情感关系来说，最初交往时，两个人的感情很好。女友喜欢外出接触大自然，经常约孙恺出去玩，孙恺也会尽量答应，陪伴在女友身边。不过，孙恺的内心更看重事业，一旦感情和事业发生冲突，他向来都会选择后者。随着交往的深入，最初的新鲜感退却，两个人都逐渐呈现出了更多的本色，而矛盾也开始呈现。

为了争取晋升为部门主管，孙恺经常加班，对于缺失的陪伴，他总是用物质来补偿。然而，女友并不满意，她更希望和孙恺一起分享生活的点滴。为此，两个人经常发生争执，最后以分手告终。回想起这段感情时，孙恺说："她是个很不错的女孩，但我有自己的想法，也想做出一番事业，不喜欢在追逐目标的时候被感情束缚。所以，我主动提出了分手，虽然这会让她很受伤，但我还是想坚持自己的选择。"

如花美眷令人留恋，可相比之下，事业和成功更令3号着迷。当然，这不意味着3号不爱自己的伴侣和家庭，他们只是不善于表达情感，习惯将爱物质化。更深层的原因在于3号潜意识里很害怕成为一个没有价值的人，一旦闲下来，空虚感就会找上门，他们需要用忙碌和进取展现自己的价值。

划重点

3号有难能可贵的实干精神，这既是优势也是局限。过分看重成就，使得3号总是透支自己的精力、体力，乃至家庭和人际关系，变成连轴转的"工作狂"。3号需要意识到，人生的价值不只在于工作，还有情感、生活、兴趣爱好等；要学会从繁忙的工作中抽离，适当地把注意力地转移到情感世界，觉察内心的真实需求与愿望，关注自己存在的价值。

具体来说，3号可以在以下几个方面作出调整和努力：

○设立合理的目标

为自己设定合理的、明确的、可衡量的目标，包括事业目标和个人生活目标。确保平衡工作与生活，避免因过度追求成就而忽视其他重要领域，如家庭、健康、人际关系。人生有得就有失，有所选择、适当放弃才是明智的做法。

○明确时间的边界

为工作和个人生活设立一个明确的时间边界，如：设定固定的工作时间，在这个时间范围内专注地做事，避免被其他事务分散精力；制定个人生活时间表，包括休息、娱乐、家庭与社交活动，确保给自己足够的时间放松、充电、与亲友相处。如果条件许可，也可以探寻灵活工作、远程工作或弹性工作等方案，更好地平衡事业与个人生活。

○保持一点平常心

做事的功利性不要太强，企图快速获得收益，学会用平常心去对待生活中的变迁和选择，有些事可能当时没什么实际效用，却能在之后的某一天让你受益匪浅。学习和精进要有正确的态度和方法，贪多嚼不烂，在精力有余、条件允许的情况下，再向新的领域进军。

○培养自我关怀

不知停息地忙碌是在提前透支生命，放慢脚步、享受生活也是需要学习的人生哲学。不要让脑神经绷得太紧，适当放松去体会生命的美妙，寻找和培养兴趣爱好，让自己在工作之外找到满足感和价值感。

第四章

4号解读

"我独故我在"的灵感大师

1.1 人格素描：
不媚世俗的"诗人"

公元前384年，亚里士多德在斯塔吉拉出生。他的家庭是奴隶主阶级中的中产阶层，父亲是马其顿国王腓力二世的宫廷侍医。公元前367年，亚里士多德迁居到雅典，他曾经学过医，且在雅典柏拉图学院学习过多年，是柏拉图学院的积极参与者。

亚里士多德结合多年的生活阅历，悟出了一个道理：天才都是忧郁的。这位伟大的哲学家，为人类作出了巨大的贡献，可他一生都被忧郁笼罩着。他在被忧郁侵袭后，经常躲在一个角落里，望着深邃的天空而神伤。天才的忧郁，是它本身所具备的特质，也是一道别样的风景。亚里士多德曾经走出过那个阴影，但最终还是被它笼罩着。

两千多年前，在雅典郊区的一片神秘而幽静的树林中，柏拉图跟他的弟子一边散步，一边探讨问题，亚里士多德当时就在其中。柏拉图时而侃侃而谈，阐释着自己的各种思想；时而睿智机警，回答着弟子的各种问题。

亚里士多德深受柏拉图的器重，他跟自己的老师多次畅谈、争论，让老师也一度感到头痛。亚里士多德博学多思，年轻气盛，两者结合起来就形成了咄咄逼人的气势。柏拉图曾经惊恐地说:"亚里士多德向我发起了进攻,就像是一匹小马驹攻击它的母亲。"

"吾爱吾师,但吾更爱真理。"

这是亚里士多德说过的一句名言,他甚至暗示,智慧绝不会随柏拉图的去世而消失。在学院里,他经常跟柏拉图争论,有时让老师置于很尴尬的处境。他不同意柏拉图把真实存在看成是"人的理念"的唯心观点。之后,他又摒弃了柏拉图另外的一些唯心观点。

亚里士多德为什么忧郁呢?

如果柏拉图不是他的老师,他或许可以心安理得。可正因为两人之间存在师徒关系,才让他备感矛盾。每次跟老师争论后,他内心深处总是责备自己。他无法避开老师的阴影,碰到一些难以解释的现象,还是会把老师的一些唯心观点拿出来,弄得自己很矛盾。很多时候,遇到回答不出来的问题,他依然要去请教老师柏拉图。

公元前347年,柏拉图去世。亚里士多德感受到了前所未有的孤独,这时候,他才恍然大悟:唯有在老师光芒的照耀下,他才可以闪光;没有了老师的照耀,他的存在就显得形影相吊。其他学生陆续离开了学院,亚里士多德却在那里守了两年,以表示对老师的哀思和忏悔。

两年多之后,亚里士多德离开了雅典,四处游历。公元前335年,他又回到雅典,在那里建设了自己的学院。他在讲课时有一个习惯,就是一边走一边探讨问题。很少有人知道,他是在用这样的方式寻找老师的影子。

亚里士多德一直活在阴影中，经常无法抑制内心的悲哀而哭泣。在那个时候，他无法向志同道合者倾诉自己的思想，一个哲学家的孤独有谁能够体会呢？

亚里士多德的身上，透着4号自我型人格的影子。4号是很独特的一类人，不甘平庸，忠于自我，不媚世俗；细腻敏感、浪漫悲情；极具创意、激情四射、追求理想与完美。他们在非世俗化的精神家园里，强化着自己的独特存在；在苦乐参半的精致情绪体验中，享受自己的孤独感触；在义无反顾地坚持自我真理和个性的漫漫征途中，追寻生命的真谛和终极意义。

从整体上来说，4号较为突出的人格特质，可归结为6个关键词：

划重点

关键词1：不俗

我时常觉得自己跟别人不一样，我是不平凡的，也是独特的。我不太喜欢跟人交往，总觉得别人不理解自己，如果被人误解的话，我会很难受。跟不熟悉的人相处时，我通常都会表现得很冷淡，但我并不是一个冷漠的人，对别人的痛苦我总是能够感同身受，也愿意给他们支持和帮助。可当我自己遇到不开心的事时，我却喜欢一个人待着，慢慢地处理那些坏情绪。我心里藏着很多的梦想，但它们似乎遥不可及。

——4号的内心独白

4号人格者忠于自己的感受，喜欢浪漫的事物，善于发现一切美的东西。对他们来说，平凡的、重复的、乏味的事物，是难以忍受的。正因为善于感受不同的美，他们才莫名其妙地被事物感动，并道出灵性的语言。《红楼梦》里的林黛玉就是一个典型的例子，花开花落本是自然交替的事物，却能引发她的无限哀愁，谱写了一首动人心扉的《葬花吟》。

划重点

关键词2：孤独

我总觉得自己是独一无二的，然后才会想到别人和我的共同点。我的家人也觉得我很敏感，虽然他们很爱我，可我还是会有一种孤独感，觉得自己缺少了什么。

——4号的内心独白

4号喜欢独处，不太合群，因为在与他人相处时，他们很难找到真正了解自己的人，这会让他们感到迷茫和失意。所以，他们的内心总是孤寂的，甚至孤寂到已经成为习惯，用大把的时间去独自思索、探索自己、欣赏自己。

划重点

关键词3：敏感

我可以深刻地感受到人性的真伪，我对别人的观察也比一般人要深。我很重视人的感受，也能够理解别人的痛苦。我是一个感情丰富的、浪漫的、不媚俗的、有品位的、有个性且喜欢我行我素的人。

——4号的内心独白

4号厌倦世俗的生活，容易陷入阴郁的情绪中，但这一特质也让他们更容易体会到别人心中的郁闷忧伤，也更能以真实的情感来慰藉别人。他们的心灵是敏感的、细腻的，情感也是真挚的，总在别人最需要的时候及时出现，利用自己细腻的情感，帮助别人战胜痛苦，走出情感的沼泽。当他们把注意力放在别人的需求上时，往往会忽视自己的欲望，忘却自己的痛苦，获得一种被需要的满足感。

划重点

关键词4：体验

4号总觉得自己的生命一直有某部分的缺失，这份缺失感使得他们对身边的一切都渴望建立心灵上的联结。所以，他们花费大量的时间来经验各种情绪，为的就是通过对情绪的体验来感悟自己的人生价值，以此找寻"我是谁"的答案，满足"我是与众不同的"深层渴望。

划重点

关键词5：悲观

4号总是关注事物的阴暗面，经常会把自己置身于痛苦的心境，去感受负面情绪带来的痛苦。他们不认为这是痛苦，而将其视为艺术。艺术的追求和现实的痛苦交织在一起,能让4号感悟到生命的本质,调动他们内心的张力。

划重点

关键词6:逃避

4号追求独特,厌恶平凡,很难接受真实的自己,认为只有表达自己内心深处的情感,才能得到真正的自己。这使得他们在某些时刻显得有些偏执。一旦他们看到无法令自己满意的现实,就会选择逃避,躲进别人无法走进的幻想世界。久而久之,让他们变得越来越孤立。

1.2 健康层级:从"灵感大师"到"自毁之徒"

划重点

第1层级:充满灵性的创意大师

第1层级的4号,灵感源源不断,总能从潜意识里找到动力,激发无限的创造力。关注自己的内心,懂得倾听自我,这是他们与生俱来的优势。他们获得了根本意义上的创造自由,能带给世界全新的东西,任何经验都能够被他们变成美好的东西,哪怕是痛苦的经验。这一层级的4号,可以真实地面对现实世界,积极地生活,不执着于生命的缺失,懂得对生活说"是";可以不断地更新自我,展示自己,却从不蔑视平凡。

划重点

第2层级:寻找自我的自省者

第二层级的4号,拥有自省的意识,能够在探索自我的过程中保持清醒,既能区分现实和想象,又能将它们融合在一起,创造出新的东西。做到这一点,需要持续的、经常地更新自我。他们担心自己做不到这一点,也怕无法定位自己的身份,所以经常会扪心自问:我是谁?我的生活目标是什么?

为了找寻答案,他们把注意力转向内在,继而产生一个困惑:如何在多变的情感中,创造出稳定的身份?随着对这个问题的深入研究,4号很容易陷入情感漩涡。他们对自己和他人都很敏感,待人温婉且富有同情心。

划重点

第3层级:忠于自我的坦诚者

第3层级的4号,擅长表达自己的感受,能够坦诚地自我表露,不会戴着面具生活,也不会隐瞒自己的怀疑和软弱。无论内在的情感或冲动多么不体面,他们都不会欺骗自己,可以全然接受人格中的阴影部分,也愿意经受痛苦的磨练。

这一层级的4号喜欢用直觉来感受一切,并把这种感知传递给他人。如果不这么做,他们会认为别人无法真正了解自己,即使这份坦诚有时会激怒他人,他们仍然如此,并坚信诚实胜过一切。

划重点

第4层级:富有想象的唯美主义者

第4层级的4号,拥有丰富的想象力和独特的审美意识,能够把想象与现实完美地融合起来,但他们创造力更倾向于凸显个体性、忽略普遍性。这一层级的4号，直觉能力开始降低，灵感只是偶尔涌现，这会给他们造成危机感。为了缓解这种危机感，他们会试图用想象力来激发情感，努力营造艺术氛围，沉浸在想象力的美感中，用自己的幻想来修正世界。久而久之，很容易陷入对想象的执迷中。

划重点

第5层级：偏离现实的唯心主义者

第5层级的4号，偏离现实更多一些，十分重视想象力的美化作用，也更沉迷于配置有关自己和他人的情绪与浪漫幻想，有唯心主义的倾向。他们从现实生活中抽离，把自己封闭在想象的世界里，以此来满足理想自我。

这一层级的4号，既渴望别人了解自认为真实的自我，又担心遭到羞辱和嘲笑，因而会表现出回避社交的倾向，不愿冒着情感问题的风险与人交流。与此同时，他们也在努力寻找同类，当他发现某个人可以理解自己的时候，会尽情地倾诉自己的心声，通过交流获得更多的灵感。

划重点

第6层级：厌倦世俗的自我放纵者

第6层级的4号，沉醉于想象世界的美好，为现实的痛苦感伤，经常觉得自己很受伤，无法肯定自我。当这两种情绪无法融合时，他们会用"我是独特的"说辞来安慰自己，并用放纵的方式来满足自己。遇到现实的痛苦时，不会主动想办法解决，而是退回到自己营造的想象世界里寻求安慰，变成忧郁的梦想家。

这一层级的4号，厌倦世俗的平淡，不喜欢按部就班地工作，经常用自己的独特审美感抨击他人的平庸，蔑视那些无法与自己达成审美共识的人，给人一种自视清高的感觉。同时，他们也无视社会习俗的规范，缺少社会责任感，拒绝义务和责任，并为这种自由感到骄傲。当他们意识到，自我放纵无法带来渴望中的物质与名誉时，就会通过感官的满足来压制过分敏感的自我带来的负面体验。

划重点

第7层级：自我疏离的抑郁者

第7层级的4号，由于长期的自我疏离会产生抑郁症状，悲观情绪被放大，自我价值感逐渐丧失，这让他们感到恐慌，而这种恐慌又加剧了抑郁的情绪。一般状态下，4号因长期沉浸在自我想象中，对现实的痛苦和挫折承受能力大大降低，一旦想象与现实发生冲突，他们就会觉得和自己分离了。

这一层级的4号，对自己所做的任何事都会感到愤怒，认为自己屈居人后，深感沮丧和羞耻。他们嫉妒任何一个有成就的人，认为那是自己无法抵达的目标，为自己感到羞耻，也害怕自己永远做不出有价值的事。为了不再做让自己生气的事，4号会压抑自己的欲望、封闭情感，变得冷漠，沉浸在情绪的麻痹中，无法正常生活。此时的他们,变得极端暴躁,觉得自己的问题比任何人都糟糕,陷入深深的绝望中。

划重点

第8层级:备受精神折磨的自恨者

第8层级的4号,抑郁的症状更加严重,对自我的失望最终转化为消磨生命的自我憎恨,期望用精神折磨来拯救自己。他们深陷在妄想的自轻、自责、自恨之中,只关注自己不好的一面,对每件事都进行自我批评,强迫症式的负面想法将他们紧紧包裹,让他们的人生也开始朝着负面的方向发展。

失去了自信和自尊的4号,对人生的追求只剩下生存,眼里的世界是黑色的,没有任何希望,可以独坐几个小时,也会不自觉潸然泪下。无法逃离痛苦的他们,可能会选择自我毁灭,并赶走身边想要帮助他们的人。之所以这样做,是因为他们内心深处不敢相信,真的有人愿意拯救自己。此时,他们的幻想已经陷入病态,甚至是一种对死亡的迷恋。

划重点

第9层级:彻底绝望的自我毁灭者

第9层级的4号,已经彻底丧失了生活的信心,他们憎恨自我,将自身悲惨的命运怪罪于他人和外界环境,希望通过死亡来表达对社会的谴责,谴责他人不了解自己的需要,不给予自己帮忙，不回应和化解自己的谴责。深陷绝望的4号，会用各种方式毁灭自己，认为死亡是最好的解脱。这一层级的4号，已陷入疯狂的状态，想把自己承受的所有痛苦都加在别人身上，来获得报复的快感。在强烈的报复心的驱使下，他们有可能会做出伤害他人的犯罪举动。

1.3 注意力焦点：
　　 生命中缺失的部分

玛利亚是一位精神治疗医生，年少时她原本在巴拿马过着舒适幸福的生活，父亲是土木工程师。11岁那年，全家迁往美国，随即生活发生了很大的变故。他们的生活从奢华变得平淡，没有了豪宅和仆人。当她的父亲被指责收受佣金引发丑闻后，家里的所有财产都没有了。

对于发生的这一切，玛利亚经常会问："为什么会这样？我做错了什么吗？"她期盼着一切能够恢复成原状，这种渴望俘获了她的内心，成为驱使她的心理力量。

生活中的不如意十之八九，失落不可避免地再度出现，玛利亚忍不住会问："为什么是我？为什么会这样？"她花费了大量的时间试图找出失落的原因，经常认为是自己的错，也常常诅咒自己，更害怕自己某方面做得不好。这些伤痛藏在她内心深处，几乎不曾对人说起。

不是所有的4号人格者都真的经历过被遗弃和不被理睬的情况，有些生活在完整家庭里的人，也可能是这一型人格。但是，多数的4号人格者在记忆层面都存在这样的共性：年幼时的生活是很美好的，一瞬之间，世界发生了翻天覆地的改变。失落的记忆造成的创伤，让他们体验到了生命的残酷，并将内在的感受和想象无限放大，衍生出其他剧情。

有一次我生病了，妈妈精心照顾了我好几天。当我病好之后，妈妈又开始忙工作，变得跟以前一样，不再那么关注我。我突然产生了一种感觉，妈妈并不爱我。

小时候，爸爸特别宠爱我，经常背着我、抱着我去玩，晚上睡觉前还给我讲故事。后来，我慢慢长大了，爸爸就不再像以前那样对我了，他好像故意跟我保持距离，我有一种很大的失落感，觉得那样的父爱永远都不会再有了。

——4号的内心独白

类似上述的情景，换成其他型的人格者，往往都能够自然而然地接受，且不会有难过失落之感。然而，4号人格者却会把微不足道的细节放大，归责在一种被抛弃的感觉上，从而陷入阴郁的状态中。

划重点

记忆中"不被看见"的经验，影响了自我认同的发展。自我认同有一个关键点，即从别人的眼中认识自己。由于4号在成长的过程中缺少了这面"镜子"，看不清自己到底是谁，致使他们一生都在找寻自我，定义自己的形象。

4号不停地找寻原因，最终发现了许多别人拥有而自己缺乏的特质，他们认为正是这些缺失，才导致自己"不被看见"，甚至相信自己因为这些缺失变得一文不值。事实上，他们从很小的时候，就对自身的某些缺点或自身缺乏的东西特别敏感，觉得正因为此才不被父母重视。

每次碰到比自己优秀的人，我心里都会萌生出一种羞愧感，变得没有自信，甚至认为自己一无是处，什么都不如别人……自从他离开之后，我觉得自己再也不会拥有爱情了，和他在一起的日子，是我人生中最美妙的时光，是无可替代的。如果我能再努力一点，也许就不会是现在的结局，一切都是我自己酿成的。

——4号的内心独白

在上述的这段内心独白中，你是不是也读出了4号人格者的心结？没错，就是"缺失感"！

划重点

4号人格者总是习惯性地关注"生命中缺失的部分"，以错综复杂的视角去解读身边的人和事，眼前的一切对他们来说似乎毫无吸引力。他们总觉得自己存在缺憾，会不停地追问：假如我做得更好，是不是就不会有这样的遗憾了？可是，真的有下一次了，就算他们做得很好，那种缺憾感还是会冒出来，让他们陷入痛苦中。

1.4 情绪困扰：
卷入消极悲观的暗流

4号人格者的情感是强烈的,他们心思细腻、神经敏感,时时刻刻都在把内心的感受放大,一点点小事也会让他们欣喜若狂或悲痛欲绝。在多数人看来,4号的情绪变化太过无常,经常给人带来剧烈的心灵刺激,很难与他们保持长久的亲密关系。

正因为此,4号在情感方面经常会把希望寄托于未来,期盼着有朝一日能够寻觅到一个全心全意爱自己,且能够接受自己一切的灵魂伴侣。他们潜意识里认为,自己目前所做的一切,都是在为将来的浪漫邂逅做准备。

4号一直相信,在寻找灵魂伴侣的过程中,可以帮他们找回真正的自我,感受到最完整的生命。可是,当"真爱"降临时,他们并不会变成简单而满足的人,他们会发现对方没有想象中那么好,那一颗准备多年的"真心"也会莫名地飞向别处。接着,他们就会厌倦亲密关系,甚至害怕,并与对方发生争执,然后疏远对方。

对于4号来说,"距离产生美"是一句真理,可令人费解的是,他们在离开一定距离后,又会重新惦念对方的好,并再度回归亲密关系。这种忽冷忽热的态度,很容易让对方身心俱疲,最终彻底跟他们分开。

划重点

面对不愉快的现实或负面情绪时，4号往往会采取否认、理想化和投射的防御机制，试图回避现实、沉浸在想象的世界。当他们无法接受内在的矛盾情感时，可能会将自己的情绪或问题投射到外界，归咎于他人或环境，而不是直面自己的内在冲突。

在公司的年会上，轮到我唱歌时，主管却突然离席。也许，他是去了卫生间；也许，他是去接听电话……可是，无论哪一种答案，都无法消除我内心的隐痛——我体验到了一种被忽视、被遗弃的感觉，整个晚上我只唱这一首歌，而他却夺门而出。

——4号的内心独白

把主管没有听自己唱歌这件事情，内化成"被忽视、被遗弃"的感受，来给客观的事件做诠释，认为自己感受到的就是真实的事实，这就是典型的向内投射。

4号有着浓烈的悲观主义倾向，过分关注情感中的负面因素，总是自顾自怜。他们在平淡的生活里找不到感觉，总是忍不住想要折腾，经常给自己负面的暗示，用悲剧和情绪化的元素设计一部剧，用想象安排其他人的角色，似乎他们都在按照自己的剧本演出。

过分悲观和情绪化的个性，使得4号难以获得身边人的认同，经常被指责无理取闹、无病呻吟。被否定的经验，又导致4号的自我认同感进一步下降，觉得自己不够好，并深感没有人理解自己。为了抵消失望的感觉，4号通常会远离日常生活，沉迷于自己的幻想当中。时间久了，他们更加不知道该如何处理现实问题，觉得自己就像"局外人"。

1.5 思维进阶：
放下对特殊性的过度追求

刘雯是一个画家，对艺术有着浓厚的兴趣，总是被美的表达方式所吸引。但在成长过程中，父母不理解她对艺术的热爱，她的兴趣和思考方式也与同龄人不同，这些经历让她认为自己有一种与众不同的内在体验和情感世界，与他人相比更加深邃、复杂和独特。为此，她经常会产生无法被人理解和接纳的孤独感。

为了弥补自我认同的缺失，刘雯努力表现出与众不同的特点，选择独立于主流的时尚风格，追求艺术上的独特性，希望通过这种方式获得他人的注意和认可。然而，当有人真的对她的独特性表示赞赏时，她内心的孤独感并没有减轻。

随着时间的推移，刘雯逐渐意识到，是自我认同的缺失给她造成了困扰。经过一段时间的心理咨询，她开始尝试慢慢放下对特殊性的过度追求，接受自己的普通，积极地参与社交活动，寻求与身边人的真实连接。

划重点

自我认同，是指知道自己是谁，并且对所认知的自己，抱有

一种持续的、稳定的认同感。4号人格者的负面情绪和痛苦体验，大都与自我认同缺失有关。

自我认同的缺失，让4号过分在意自身的缺失与不完整，倾向于追求特殊性与独特性，认为只有通过与众不同的方式才能够获得自我肯定与认同。然而，这种思维模式却让他们陷入了对自我存在的过度关注与夸大之中，太过关注自身的情感体验、内心世界的深度与复杂性，忽略了与他人的真实连接，时常会感觉孤独、空虚和不被理解。

划重点

不甘平凡的4号人格者，总是努力使自己更加特殊，并为此付出巨大的代价。如果你是4号，那么你真的不必过度追求特殊性以避免"普通"。多花费一点精力去接受生活中的平凡，以及可预测的、普通的、日常的生活方式，就能让你在人际交往中表现得更好。

下面有一些温馨的提示和建议，希望能给4号人格的你带来启迪和帮助：

1.世俗不是庸俗，就算庸俗也不是错，只是每个人的生活方式不同而已。

2.承认自己早期的缺失是真的，也要看见自己身上那些令人羡慕的特质。

3.学会自如地运用注意力，做情绪的主人，驾驭自己身处的环境。当强烈的情感变化发生时，尝试把注意力转移到其他事物上，不要任由自己沉溺于其中。

4.放下偏见与狭隘，不故作清高，不故作惊人之语，接纳现实本来的样子。

5.建立自己独特的形象，以多种方式表达自己，即便其他人不理解，也没有关系。

6.改变对爱情要求过高的、不切实际的幻想，不要认为爱情是不可战胜的，更不要认为天长地久是没有尽头的。没有面包，再伟大的爱情也会落得饥肠辘辘的下场。

7.接受没有完美的关系，完美在于你能够接受现状并使之变得更好。

8.要改变自欺欺人的毛病，遇到问题时不要逃避，靠自己的大脑和双手去化解。

9.让他人知道，过度亲近会遭到你的攻击，请他们不要误会。同时告诉他人，在你生气时不要离去，这样你才会确信，自己不会被遗弃。

1.6 提升练习：把注意力从幻想中拉回现实

4号人格者是天生的艺术家，富有想象力、情感丰富，并倾向于追求独特、意义深远的体验，总是躲在幻想的世界。他们关注过去、未来，关注远在千里的人，关注缺失的美好，却从不愿意正视眼下的生活，以及身边的人。

在4号看来，距离产生美。当一个人或一件事处于一定距离之外时，其优点会变得格外突出，也会格外吸引4号的注意力。倘若这些人和事就在眼皮底下，不美好的方面就会逐渐显露，这是4号难以接受的。当4号被迫把目光转移到一件正在发生的事情上，如同一记重拳打到脸上，他们会感到失望，因为看到的都是不美好的。

那些遥不可及的人和事，真的有那么美好吗？

未必。4号之所以会这样认为，是因为他们沉浸在幻想的世界中，完全被夸大的情感控制了，难以抽离出部分注意力给周围的事物，无法去体味真实的生活。

划重点

4号人格者迫切要学习的功课，是加强自我观察能力，感受注意力的变化。当注意力开始关注无法得到的事物，或是在已经拥有的事物上寻找缺点时，要及时调整自己的心态，把注意力拉回到现实中，觉察真实的客观世界，从而收获内在对世界真相的感悟，并以这份感悟作为真正填补内在空虚的载体。

把注意力从幻想中拉回现实生活，对4号人格者来说是一项不小的挑战，需要进行刻意练习。在此推荐3个简单实用的方法，有助于4号稳定情绪，增强对当前经验的认识和接纳：

○呼吸觉察

找一个安静的地方，坐下来专注于呼吸；注意呼气和吸气的感觉，觉察气流在身体中流动的感觉；当注意力从幻想中游离时，温和地将注意力带回呼吸。

○身体扫描

闭上眼睛，将注意力从头部开始逐渐扫描整个身体；注意感受每个部位的触感、温度、压力或其他感觉。这一练习有助于将注意力转移到身体感受上，从而减少对幻想的依赖。

○五官觉察

专注于当前的感官体验，注意周围的声音、光线、气味、味道和触感，将注意力集中在当下的感官刺激上，有助于更好地与现实世界连接。

第五章

5号解读

"我思故我在"的旁观智者

1.1 人格素描：
　　 离群索居的"隐士"

美国诗人艾米莉·狄金森，1830年出生在美国马萨诸塞州阿默斯特镇的一个富裕家庭。

她性格内向，很少与外界交流，曾在安默斯特学院学习过七年，在曼荷莲女子神学院度过一段短暂的时光，之后重返阿默斯特的家中。她很少参加社会活动，大部分时间都是在家中度过，只与一小部分的亲友保持联系，并只是通过信件交流。

艾米莉终身未嫁，25岁开始拒绝社交，除了一次旅行之外，几乎全部时间都在她出生的老屋里度过，直至55岁病逝。她沉浸在自己的内在世界，通过诗歌表达情感与思想，一生写过1800余首诗歌，生前只发表过7首。她的诗歌，以描述日常生活的普通事物为主，但思想深刻，充满了对自然、灵魂、永恒等主题的探索。

好友曾对艾米莉说："你是一个奇怪的生物，有更深的层次，比我们都要奇怪。"艾米莉在惊讶之余又略显喜悦："你怎么会这么说？我从来都没有显现出来。"朋友说："哦，亲爱的，你不会显现，你是被揭露的。"

艾米莉的确是善于隐藏的，把她的独特、孤寂、爱恨都融入深邃的思想中，隐藏在一首首诗歌中。这份小心翼翼的隐藏，为的是保持内心的独立与自主，为的是在向内求索的过程中不屈服任何束缚，抵弃外界的强加给予。

艾米莉·狄金森是5号洞察型人格的代表，他们是九型人格中最深沉的一类人，他们追求知识，热爱思考，重视个人空间与隐私，在社交活动中经常抽离自己。在别人眼里，5号总是一副冷冰冰的样子，不苟言笑，令人难以捉摸。5号的内心犹如一座壁垒森严的城堡，只在顶部开了几扇小小的窗。他们很少离开城堡，认为外面的世界充满了危险与侵犯性，习惯隐藏在高墙背后，悄悄审视那些前来敲门的人。

5号洞察型人格者最突出的人格特质，可总结为5个关键词。

划重点

关键词1：善思

5号人格者最大的闪光点就是善于思考，有着超人的智慧和对知识的强烈渴求，即便是面对那些晦涩难懂、令常人苦恼生厌的知识，只要是重要的、有用的，他们都会潜心研究，因而很容易成为出色的学者，或是思想与科学的巨匠。

无论发生什么样的状况，5号都会表现得极其冷静和理智。在顺境中，他们是优秀的分析师，有着博学客观的见解；在逆境中，他们是慷慨的奉献者，懂得尊重别人，虽不会热情地劝慰，却会用旁观者冷静的思维，帮对方想办法。

划重点

关键词2：独立

5号的需求很少，能够从自己的精神生活中找寻乐趣，不会为琐事浪费时间和精力，一个人也可以幸福地生活。他们重视私密性，渴望拥有不被打扰的个人空间，周围都是自己熟悉的物品。在这个地方，5号会感到安全，可以躲避外界的侵犯，并在这个充满记忆和象征性物品的世界里整理自己的思绪。

独处是5号获得丰富个人生活的基础，没有其他人在的时候，5号反而可以感受到与他人更强的联系，他们会想起对方说的话；但在真实的谈话中，他们可能什么都不记得。独自一人时，5号可以自由地回顾一天里没有被察觉的情绪，感受生活的快乐。

划重点

关键词3：淡泊

5号人格者对物质的要求不高，不太看重衣装打扮，认为那些都是身外之物，和生命本身没什么关系。在他们看来，物质欲望过强容易加深内心的空虚，相比用金钱获得物质享受，他们更愿意用金钱来保护个人隐私、获得安静的环境，把精力从物质追求中节省出来，最大限度地排除干扰，心无旁骛地学习和钻研。

划重点

关键词4：贪求

5号人格者把大部分的时间都用在了追求知识上,很少抽时间来关注身边的其他问题。尤其是在情感和家庭方面,5号过度贪求时间,很少做家务,也很难留意到伴侣的精心付出,以及为他们策划生活的惊喜;他们认为浪漫的气氛不实际,不如多看点书丰富内涵。

划重点

关键词5：空想

5号有很强的逻辑思维能力,能把自己观察到的一些局部数据,快速上升为一种理论。当生活中的事物与他们的理论不相符时,他们会否定生活,强行用自己的理论去解释生活。这样使得5号重理论而轻实践,经常做出违背现实的事情;他们是思想的巨人,行动的矮子。

1.2 健康层级：从"思想达人"到"分裂病人"

划重点

第1层级：思想深刻的创造者

第1层级的5号，拥有深刻的洞察力和高度的创造力，能够从他人只看到虚无和混乱的东西中，发现事物的内在逻辑、结构与联系。他们所表现出的创造力是不自觉的，面对世界不再紧张，而如同在家一样平和，因为他们已经超越了对无能和无助的恐惧，也就摆脱了对知识和技能无休止的追求。富有知识的他们，不会把他人和挑战视为负担，也不会用心灵去防御现实，而是让现实进入心灵，发挥自己已获得的知识，去创造全新的事物。

划重点

第2层级：智慧不凡的观察者

第2层级的5号，拥有不凡的智慧，对周围世界有敏锐的观察力,可以透过事物的表面看到深刻的内涵。他们喜欢思考,并从中获得快乐,获取知识对他们而言是一件幸事。

这一层级的5号,习惯以心理为导向,用专注的态度深入了解世界,甚至会持续多年跟一个问题死磕,直至问题解决。他们不太关心社会成规,不想受到其他事务的干扰,只想沉浸在自己喜欢的事情中。别人经常会将他们称为"怪人",对此他们并不在意。

划重点

第3层级:追求进步的专注者

第3层级的5号,对单纯认识事实或获得技能不太感兴趣,希望用所学的东西超越过去被探究过的东西,希望有所进步。他们自诩智力和感知力非凡,同时也担心会失去这份敏锐的感知力,因而会集中精力投身自己最感兴趣的领域,试图真正掌握它们。他们的创新力可谓是革命性的,想法也具有前瞻性,往往能带来惊人的艺术作品。他们愿意与人分享自己的知识,认为相互交流能学到更多。

划重点

第4层级:勤奋努力的知识分子

第4层级的5号,不如健康状态下那么自信,潜意识里总担心自己知道得不够多,习惯退回到经验领域,有怯于行动的倾向。他们总觉得应当做更多的研究和实践，更好地掌握技术并接受考验。这一层级的5号，不再用自己的才智进行创新探索，而是用其对事物进行概念化和作比较。他们不太热衷于社会活动，每天沉浸在能够为自己提供知识的地方，也会花费大量金钱去购买所需的工具。他们努力搜集一切资源，希望能让自己成为某方面的专家。

划重点

第5层级：脱离现实的理论家

第5层级的5号，对兴趣之外的事物投入的时间和精力极其有限，也不愿意尝试新的活动。他们对现实的掌控能力正在减弱，不安全感开始增强，习惯回到内心的安全范围中，把注意力放在心灵的告诉运作上，用自己的内在力量和外在财力去获取自信。

这一层级的3号，属于典型的理论家，把大量时间用在计划上，却又得不出什么结果；着迷于不合时宜的、深奥的主体，脱离现实世界。他们不相信情感的力量，认为情感需要是一种负担，只有具备某种技能和能力，才能在没有怜悯和关爱的世界里活下去。为此，他们很少谈论自己的私生活和情感，尽量避免提供自己的信息，不太擅长交际。

划重点

第6层级：愤世嫉俗的挑衅者

第6层级的5号，开始对任何会干扰自己内心世界与个人愿景的事物采取敌对的态度，呈现出愤世嫉俗的倾向。他们热衷于思考深刻复杂的问题，当事情透露出不确定的一面时，他们会感到焦虑，担心外界的侵扰会耽误事情的进度，因此更加惧怕与外界接触，产生更强的防御心理，来保护自己的独立空间。

这一层级的5号，抵御一切可能威胁自己脆弱领地的东西，略带攻击性。他们变得愈发不自信，潜意识里无力应对环境的恐惧经常会给他们带来情绪困扰。如果别人对于他们的恐怖状态表现得满不在意，他们很可能会用极端方式来动摇他人的满意度。

在日常生活中，为了显示自己的生活态度，他们可能会选择过边缘化的生活。他们经常会感到无助，会痛苦、失眠、发脾气，这是因为长期忽略现实因素所致，如果他们能走向他人、承认自己的苦恼，往往可以重建生活。如果继续逃避现实世界，也许会陷入更加可怕的黑暗中，最终精神崩溃。

划重点

第7层级：与世隔绝的孤独者

第7层级的5号，孤独感与无助感更加强烈，深陷自我怀疑中，几乎把所有的人和事都视为威胁。他们必须要与他人保持安全距离，捍卫自己的主控权。这种与世隔离的状态，让5号很绝望，难以适应生活，认为自己在社会上没有容身之地。

这一层级的5号，难以忍受别人对自己的嘲笑、怀疑与不理解，这会激发他们的攻击性。为了维持自信，他们可能会变得极其无礼，而这又进一步加重了外界对他的排斥，让人际关系变得更糟。

在生活方面，他们极度推崇节制主义，认为只留下最基本的生活保障品就够了。所以，他们很可能会漠视自己的身体，不在意形象，吃得很差。为了逃避孤独，他们会用酗酒和滥用药物的方式来麻痹自己。可惜，这种做法无法将他们从虚无中拯救出来，反而会让他们掉进更深的深渊，加剧退化。

划重点

第8层级：被恐惧裹挟的退行者

第8层级的5号，随着内心恐惧的加深，愈发不相信自己具备应对外界的能力，会避免与外界接触，退缩行为进一步加剧。在他们看来，现实中的一切都是可怕的，在荒诞的世界里，找不到任何能够抚慰心灵的东西，也得不到自信。越是扭曲地看世界，他们越感到恐惧和绝望，到最后什么也做不了，甚至出现幻听、幻觉，身心一刻也不得安宁。他们会频繁失眠，产生被害妄想，用药物和酒精麻醉自己的心智，严重的话还会导致精神分裂。

划重点

第9层级：与现实决裂的精神病人

第9层级的5号，会呈现出病态的心理特征，幻听、幻觉、失眠问题加重，且不相信自己能够抵御内心的恐惧，希望停止自已经历的一切。他们认为自己的生命已经毫无意义,没有理由再苟活于人间。

这一层级的5号,可能会用控制心智、放弃思考的方式来终止痛苦的体验。然而,当他们退回到内心空洞的心理状态时,过去拥有的那些智慧和才能全部消失了,这与他们的初衷完全不符。那些没有结束自己生命的5号,犹如患了精神病一样和现实彻底决裂,过着无助、依赖或与世隔绝的生活,而这恰恰是他们最害怕的状态。

1.3 注意力焦点：对知识的探索

5号洞察型人格，是充满理智的思考者，也是冷眼看世界的旁观者。很多人好奇，这一人格究竟是怎样形成的呢？下面是两位5号人格者的内心独白，里面隐藏着一些线索。

在我的记忆中，妈妈是一个特别容易小题大做的人，脸上写满了焦虑。所以，我的房间就成了避难所，在里面我可以做任何自己喜欢的事情，不用听她唠叨。我无师自通地设立无线电台，最后还拿到了业余执照，现在我依然每天花好几个小时在无线电上。

——5号的内心独白

我读小学的时候，突然有一天，望着父母的脸，萌生了这样一个想法：他们根本不知道怎样帮助我在这个世界上立足，如果我依赖他们，根本不可能成功，我必须靠自己。然后，我就开始默默地努力，不去依赖任何人，与周围人保持简单的来往，也不抱有太大的期望。

——5号的内心独白

不难看出，5号人格者从孩提时代开始，就构筑起一道高墙来抵挡外人，甚至是亲人。他们与家人的关系似乎有一点疏离，对身边一切事物的关系都保持冷静、抽离的态度，没有强烈的感受，也不会投身其中。5号花费大量时间维持自己的疆界，建立稳固的心理栅栏，安然地生活在其中。他们相信，只要保持观察者的位置，与身边的事物甚至是自己的情感抽离，就能降低被苛求的概率。

划重点

5号所看到的世界，处处都有无尽的要求，而自己所能付出的却有限。他们相信，要在这样的世界中自保，必须得有充足的资源，要自给自足。为此，他们把注意力的焦点放在对知识的探索上，努力让自己成为学识渊博、无所不知的人，希望今天所积累的知识能够成为将来的一份保障，避免因为不知道而陷入不知所措的困局之中。

当要解决一个问题或作出一个决策时，5号会预先收集大量的资料和数据，然后将多方收集的信息进行综合分析，从中找出规律、内在联系或逻辑关系。5号善于利用这些分析、思考、推论进行决策，或制定解决方案的策略。

5号希望自己能够有预见性，可以事先认识或理解未来可能会出现的状况，并让自己在面对这些状况的时候，有充分可利用的资源。在5号的眼里，生命中的一切都可以通过系统的方法和学习或研究来认识和理解。然而，生活涉及的面太广了，5号总能遇到自己不知道的事，这使得他们的内心经常会伴随一份资源不足的空虚感，认为欠缺安全生存的工具。

> **划重点**

为了安全起见并获得滋长，5号会贪求让自己感到安定和独立的一切，他们实在害怕没有足够的知识，无以应对未来的改变。所以，5号特别吝啬个人的时间与空间，不愿花费时间交际和应酬，只想丰富内在世界。

对5号来说，时间、精力和个人空间是他们不可或缺的必需品。他们机警又善于观察，对别人行为中表现出的细微差异，都会格外留意。如果别人对他们有所求（几乎所有的请求都被他们视为要求），他们都会冷静地回应，但正如一位5号人格者所言："虽然我能给出他们所需要的一切，但我只给得刚刚好，好让他们走开。当有人问我好不好时，我的直觉反应就是，我很好——我给得不多，人们最好不要管我。"

1.4 情绪困扰：
渴望真情又害怕靠近

在九种人格类型中，5号是最不容易产生亲密关系的类型。他们远离人群，不喜欢交际和应酬，大部分时间都待在自己的私密空间里；即使置身社交场合，也会找个安静的角落，做一个冷静的旁观者，洞察周围人的反应，却不参与其中。

比起行为上的离群索居，更让人难以捉摸的是5号的心思。5号在内心构筑了一道围墙，阻挡别人窥探自己的内在世界。从他们的表情上，很难看出喜怒哀乐，就算有表情变化，可能也是他们故意展示出来的极其有限的内容。

在处理人际关系时，5号有一个特殊的习惯，将自己的生活划分成不同的隔离区，每个区域装着不同的朋友，每个区域内的朋友看到的都只是5号的一个"侧脸"，他们不会让人了解完整的自己。之所以这样做，是为了保证自己有独处的空间，毫无顾忌地释放被压抑的情感。

5号害怕与人产生过于亲密的关系，总是保持近乎冷漠的理智，从感情中抽离出来。他们渴望真挚的情感，却又不太信任。独处的时候，也会思念某个人，可真的见面后，思想又好像被封印了。所以，当5号爱上一个人时往往会很痛苦，一边渴望真情，一边又害怕靠近。

划重点

5号需要充分的私密空间，一旦得不到，就会感到枯竭、焦虑。他们担心情绪和情感会让自己失去理性，就把情感隔离作为赖以生存的心理防御机制。隔离，不只意味着远离人群，沉浸在自己的思考中，也意味着在内心深处远离自己的情绪，无法感受自己的生命力，或是难得体验与人分享的快乐。

将主观的事情客观化，带着距离来体验生活，避免牵扯任何情绪，始终用理性与世界互动……时间久了，5号就会产生一种得不到志同道合者关爱的孤独感，而这份孤独感又会加剧他们内心的空虚。出于心理防御，5号会重新退回到自己的空间里继续研究，继而更加远离人群，且更加不懂得表达和宣泄自己的情绪，陷入封闭的状态。

在潜意识层面，5号人格者始终有一种担忧，害怕表达出自己的情感会被嘲笑不稳重，认为这不是一个理智的人该有的表现。殊不知，人的心理在受到外界刺激时，会本能地作出反应。如果只是努力让自己的心情保持平衡，尽力避免情感的起伏，反而会产生压抑的感觉。

在此想给5号人格者提一点建议，不要过分控制自己的情感体验，情感的表达有助于身心健康，也是与人沟通交流的重要手段。谁都希望自己的行为明智且理性，但良好的关系所具备的每一个要素，都依赖于感情的投入；在情感问题上，过于理性往往会适得其反。

　　5号经常会有一些不凡的想法，但由于不善表达，总是隐秘地行事，无法让别人了解他们的真实情感，这对于个人发展是很不利的。所以，5号要试着向身边的人交流自己的情感、需求和计划，同时也要倾听他人的想法，不要一味地按照自己的思维行事。这样不仅能够开阔自身的思维，也是对他人的一种尊重。

1.5 思维进阶：
重新认识独立的精神内核

孤立是一种偏见，这是我非常重视的。内在世界是自立的，我能独自一人过活。虽然有些情况会让我感到孤单，但一般而言，独立是一种享受。隐私确实使我获得滋长，我热爱独处于没有任何要求的情境中——那实在是无上的喜悦。

——5号的内心独白

作为精神上的极简主义者，5号对大多数事情都保持冷淡和保留的态度，高度重视隐私和独立，对自己的空间、时间和情感极其谨慎。他们对外部世界有深刻的不安全感，认为它有压倒性的威胁感，只有做一个抽离的旁观者，收集一切可能有用的知识信息，减少对外互动、隔离情感、保存资源和能量，以备未来所需，才会感到踏实和独立。

5号不喜欢被打扰，同时也担心自己是否能够被他人接纳，人际相处对他们来说是一种挑战，甚至是一种灾难。因为不擅长处理人际关系，所以就把内心的恐惧转移到学习和思考上，并告诉自己说："我是因为掌握的知识不够多，才在人际关系上无所适从，才无法被人接纳。只要不断学习，就能消除内心的恐惧。"他们在脑海中创建了一个属于自己的知识城堡，并试图从中找到掌控权。他们躲在知识的高墙壁垒中,回避各种情绪问题。

理智的5号是典型的反依赖主义者,内心深处对于真正的相互依赖生存模式始终抱有一丝怀疑,所以他们通常都习惯抑制自己的情感。在遇到困难时,宁愿把个人需求降到最低,也不愿意求助和依赖他人。这给5号带来了某种程度的满足,他们以拥有"缩减自己的情绪与渴望"的能力为荣。但是,这种与物质生活的脱离,并不是5号的真实选择,而是一种强迫性的选择。他们太害怕失去手中拥有的东西了,太害怕要牺牲自己的独立性去依附于他人了。

划重点

在5号人格者看来,"独立"是解决其精力匮乏问题的关键。实际上,相互依存——真实、真正地交往——才是解决问题的真正方案。想要做到"相互依存",需要对"交往"拥有充分的理解,这正是5号人格者需要学习的地方。

在现实生活中,5号人格者要正视和接纳自己的情感,不能一味地隔离和逃避,要重新定义"独立"的精神内核:独立,不是不依赖任何东西,而是同时依赖许多事物——亲情、友情、爱情、工作、爱好、宠物等,但可以把握其中的平衡,不过分向某一种事物倾斜。

下面有一些具体的建议和忠告,希望能给5号人格者带去一些实用的帮助:

1.孤独的感觉人人都有,它并不可怕,真正可怕的是变成孤僻者。性格不是一成不变的，要学会打开自己，打开心门，让别人能够走进来，发现世界的美好。

2.与人交往时，不要吝啬心中的爱，只有爱人者才会被人爱；只有付出爱，才会在陷入困境时得到温暖的关怀与帮助。

3.人生和爱情一样，不会自己滋长，需要先给予才能有发展。每个人都不是孤岛，用你的行为去影响别人，你给予别人的越多，生命就越丰富。

4.不要让情感被理性分析取代，不要让精神建构替代真实的经验。

5.不必在所有时刻、所有的生活领域都保持独立，学习的必要性不在于能力不足，而在于缺乏经验。让人看到和知道自己，即使你还没有完全准备好。

6.人际交往不能总是按照你的标准，别人也有同样真实和明显的需求。为了与他人高质量地相处，你要尝试在自己的思想和一些情绪、行动之间取得平衡。

7.外部世界的价值不仅仅在于收集信息。

8.你不能指望自己什么都懂。

9.没有人是一座孤岛，也没有人一刻都不需要别人的帮助。

10.学会接受突发状况，学会去冒险、去求助。

11.分清楚什么是精神上的舍弃，什么是对情感痛苦的逃避。

1.6 提升练习：
让行动跟上思想的步伐

古希腊神话中有一位特洛伊女祭司，名叫卡珊德拉。太阳神阿波罗在看到卡珊德拉后，就情不自禁地爱上了她。为了追求卡珊德拉，阿波罗赐予她预知未来的魔力。可即便如此，卡珊德拉仍然没有接受阿波罗。

阿波罗恼羞成怒，对卡珊德拉下了一个诅咒，让人们永远不相信她说的话。被诅咒的卡珊德拉，知晓所有的真相，也预言木马被迎进城内，特洛伊城必然要遭遇突袭。可是，没有人相信她的话，她也无法阻止悲剧的发生，只能眼睁睁地看着特洛伊灭亡。

从某种意义上来说，5号人格者就像是被诅咒的卡珊德拉，拥有渊博的知识和深刻的洞察力，却无法让周围人了解自己。隔离情感的防御机制，让我们刻意地逃避人际关系，给社会交往带来诸多阻碍，难以被人接纳。

其实，5号人格者拼命追求知识、极力避免人际交往的行为背后，隐藏着他们对参与世界的能力的不安全感。他们总觉得自己没办法做得像其他人一样好，却又不去直接参加那些可以提升自信的活动，而是退回到思维的象牙塔世界，认为有了知识就不会焦虑，就可以应对各种各样的环境，融入这个世界。他们忽略了一个事实，强大的思考力必须要与现实世界保持同步，知识再渊博、再广泛，若不能转化为行动的能量，也只是空谈。

举个最简单的例子，学习游泳必须要到泳池中练习，而不是在脑海里研究腿脚如何打水、手臂如何划动。仅仅通过观察别人的动作并加以模仿，从来没有进入泳池练习的人，掌握的只是游泳的概念性理论，不可能真正地学会游泳。

划重点

5号人格者思想活跃，这是他们的闪光点，但由于过分看重知识，习惯把注意力集中在对知识的追求上，认为有了知识就可以免除焦虑和恐惧，致使他们在行动力方面比较迟缓：要么犹豫不决，要么迟迟不动，要么中途放弃，很容易成为"思想上的巨人，行动上的矮子"。这种不作为，又会进一步印证他们错误的想法——我无法做到和别人一样，我无力改变。

古人云："纸上得来终觉浅，绝知此事要躬行。"对5号人格者来说，这是一句诚恳的忠告，也是自我提升的方向。学习知识固然重要，但更重要的是让行动跟上思想的步伐，用行动证明思考的正确性。只有一次又一次的正确行动，才能迎来新一阶段的智慧升级。

第六章

6号解读

"我忧故我在"的怀疑论者

1.1 人格素描：
　　忠诚谨慎的"卫士"

　　微软公司起步时，员工大都是年轻人，只擅长做业务，对内务管理丝毫不上心，公司总是一团糟，盖茨为此头疼不已。直到露宝进入微软，开始担任盖茨的秘书，改变才开始。

　　露宝当时已42岁，是四个孩子的母亲，而盖茨那会儿只有21岁。露宝做过文秘、档案管理和会计，后勤经验丰富，她对这个董事长印象深刻，同时也感觉肩上的担子不轻。丈夫极力反对她去微软，警告要留意微软能否发得出工资。露宝没有理会，开始尽心尽力地为盖茨"打杂"。

　　上任后不久，露宝就展示出了缜密、细腻的处事风格。很快，她成了微软的后勤总管，负责发薪、记账、接订单、采购等一系列工作，她把每件事都做得井井有条。微软的工作开始变得有序，凝聚力也逐渐变强。

　　当时，露宝需要照顾盖茨的饮食起居。在她眼里，盖茨就是一个行为怪异的大孩子，他经常中午来上班，一直工作到深夜。如果第二天早上要会见客人，他就留在办公室里过夜，盖上一条毯子就寝。他在差旅中也如是，困了就能随手拉出一条毛毯休息，而这恰恰是露宝提前为他准备好的。

露宝也会给盖茨制定一些"规矩"。当时，微软公司离机场只有几分钟的车程，盖茨每次出差都是到了最后时刻才往机场赶，一路超车，有几次还闯了红灯。露宝很担心，她要求盖茨至少留出15分钟的时间去机场，且每次都亲自监督。虽然盖茨认为这样有点浪费时间，但还是照做了。

露宝成了微软不可替代的人。当微软公司计划迁往西雅图时，露宝因家庭原因无法跟随。之后，盖茨和其他几位高管联名为露宝写了一封推荐信，高度评价了她的能力。毫无疑问，露宝得到了一份好工作。临别时，盖茨对她说："微软的大门永远向你敞开。"

三年后，露宝果然又重回微软。在微软，没有人不对这位女管家心怀敬意，也许她不是最有才干的，但她的忠诚，却比才华、机遇、眼光更加闪亮。

露宝的身上有6号多虑型人格者的特质，他们被称为谨慎忠诚的"卫士"，一旦认定某件事，就会用毕生的精力去追求，不会被冲动和狂热牵着走，会避开伪装成机会的陷阱。在性格方面，6号和5号有相似之处，都认为世界充满危机，需要小心谨慎。

概括来说，6号的人格特质可以归结为6个关键词：

划重点

关键词1：谨慎

6号的内心有一份潜在的担忧，害怕未来会发生一些负面的情况，这使得他们在生活中对风险过分关注，极力希望通过自己小心谨慎的行事方式，来构建绝对安全的环境，以得到身边人的支持，维护这个安全环境。他们十分重视逻辑的梳理，并保持中庸的态度，在与人交往时"理"字当先。他们希望通过所做的一切努力，让自己活在一个"意料之内"的安全环境中。

划重点

关键词2：忠诚

6号极具责任感，这使得他们在人际交往中更加忠诚，也更值得信赖。无论面对什么样的挑战，都能毫不犹豫地去保护彼此的关系和友情。他们对盟友忠心耿耿，不遗余力地保护自己人。6号的责任心也很强，认为责任感是保证生活稳定的关键因素。对于相关的规则和义务，他们无条件地遵守和执行，且会为了家庭、事业和理想作出极大的牺牲。

划重点

关键词3：担忧

6号的内心有强烈的不安全感，担心被人利用，因而警惕性很高。他们时刻都在观察对方，提防他人的花言巧语。可以说，他们是天生的观察者、自然的心理学家，随时警惕一切外在变化，且还不被周围人发觉。6号内心渴望亲密关系，但因缺乏安全感，因而很注重团队精神，希望从中获得安全感。在做事方面，他们习惯严守时间，认为这是获得安全感的重要方式，他们看重截止日期，害怕因为拖延或浪费时间而遭受惩罚，更怕因此让自己陷入危险的境地。

划重点

关键词4：怀疑

6号人格者质疑任何事物，在他们看来，世上唯一确定的就是什么都不确定。周围的一切都蕴含着太多不可预测的因素，只有未雨绸缪才能防患于未然。他们的关注点不在成功上，而在那些给他们带来麻烦的问题上。6号对权威也持怀疑态度，他们不希望自己成为权威，在他们看来，那是一个备受怀疑的不安全的位置。他们愿意为了理想付出全力，不求回报地努力，但对成功和荣誉却看得很淡，鲜少会受到名利的诱惑。

划重点

关键词5：焦虑

6号希望活在自己可以预料的安全环境中，但他们每天关注的却都是负面的可能，这就导致他们难以用自信的态度去面对环境，在行为上表现出多疑和焦虑。这样的状态又影响着身边的人，让他们对6号也难以完全开放和信任，从而加重6号内心的不安全感，总担心会被人或环境所伤害。同时，因为多疑而得不到周围人的支持，削弱了6号内心的力量，让他们产生一种无力保护自己的不安全感，这是他们最畏惧的东西。

划重点

关键词6：悲观

6号内心强烈的不安全感经常会把他们的想象指向最坏的地方，让他们预想到糟糕的结果。他们会自觉地寻找环境中对自己有威胁的线索，而把那种对最好情况的想象视为一种天真的幻想，经常给人一种悲观、偏激、神经质的印象。他们还习惯把一切灾难化，无论遇到什么事，都喜欢往坏的方面想，过于悲观。

1.2 健康层级：从"自信勇者"到"自虐狂人"

> **划重点**

第1层级：充满自信的勇者

第1层级的6号，拥有充分的自信，这源自他们对自我内在能力和价值的认识，且不需要以他人为参照。他们不会向权威人物寻求保护和安全感，因为感受到了生命的内在力量，确切地知道要在什么时候做什么事，能够体验到内在的坚韧与刚毅，助他们达成预定的目标。

这一层级的6号，不仅相信自己，也信任他人。他们的思维是正面的，行为传递出强大的意志力，敢于直面危险和挑战，也敢于对非正义的行为仗义执言。他们既能够关爱别人，也能够接受别人的关爱；既可以独立工作，也可以与人合作。

> **划重点**

第2层级：充满吸引力的盟友

第2层级的6号，在情绪上有较强的感染力，可以引起他人强烈的情绪反应，散发着讨人喜欢的吸引力与亲切感。在别人看来，他们充满自信，且值得信赖，而6号也会努力做到这一点。这一层级的6号，无法做到持续的自我肯定，他们害怕被孤立、被抛弃，在感觉缺少维系生存勇气的动力时，需要借助他人的支持来增强安全感。所以，他们经常会投身外部世界，去寻找同盟和支持者。同时，他们有着敏锐的洞察力，对潜在的危害和威胁十分敏感，很容易觉察出环境中可能存在的问题，及时采取措施确保安全。

划重点

第3层级：值得信赖的忠实伙伴

第3层级的6号，自我肯定能力在减弱，会向外寻求安全感，一旦无法吸引他人或遭到他人的拒绝，就会引发焦虑的情绪。为了维持一段真挚而稳定的关系，他们选择保持忠诚。

这一层级的6号有强烈的责任心，也很关注细节，能有效地保持组织的运转，想在组织中发挥自己的价值。他们希望确保自己在世界上有一个位置，确保工作能带来相对的安全感；重视团队精神，秉持公平公正的原则，是很好的同事或合伙人。

在内心深处，他们也渴望拥有忠诚的伙伴，希望有人可以让自己依赖，被无条件地接纳，拥有可以安身立命的归宿。与亲友建立良好的关系，能让他们摆脱孤独感，减轻被抛弃的恐惧感，促使他们更好地发挥正面价值。

划重点

第4层级：尽职尽责的依附者

第4层级的6号，表现出更加明显的忠诚，他们变得越来越没有安全感，尤其是把自己奉献给某个人或某个群体时，就会产生担忧，害怕危害到人际关系的稳定。为了减缓焦虑，他们会选择承担更多的义务，想问题更细致、更周全。

这一层级的6号，相信权威胜过相信自己，这也使得他们更加依附地认同特定的思想体系与信仰体系，从而提升自己的信心。此时的6号，很难独立作出决定，习惯向各种权威的规则、规定寻求答案。即便是看过规则和指导后，仍然会心存猜疑，不知道自己是否完全领会。这也导致他们在一些重大决策上难以果断地作出决定，经常拖延。

划重点

第5层级：矛盾的悲观主义者

第5层级的6号，内心的不安全感进一步加剧，促使他们成为矛盾的悲观主义者，一方面忠实于自己的责任和义务，另一方面又担心自己无力承担，因此失去支持和安全感。面对这样的处境，他们会陷入纠结之中，思考如何能够减轻自己的压力，又不让自己尽忠的对象失望？

这一层级的6号认同很多权威，但能力有限，无法同等满足自己效忠的所有人。当被迫决定该选择哪一方时，他们会产生焦虑的情绪。为了缓解焦虑，有时他们会唠叨抱怨，有时会作出防御性的反应——逃避。

在他们看来，改变是对自身安全的潜在威胁，这让他们的思维变得狭隘而偏颇，渐渐失去清晰的推理能力，内心也变得更混乱。从表面上看，他们似乎很友善，实则自我防卫很强，经常怀疑他人，没有谁能够从他们那里得到直接的答案。一旦在交际过程中发生了问题，他们会理直气壮地发出怨言，以证明不是自己的责任。

划重点

第6层级：强硬好战的孤家寡人

第6层级的6号，几乎丧失了自我肯定的意识，任由内心的恐惧感和不安全感蔓延，却找不到解决怀疑和焦虑的办法。他们担心自己的矛盾情感和犹豫不决会丧失支持，便会用过度补偿的方式来证明自己不焦虑。

这一层级的6号，敌对情绪比较明显，把周围人简单地划分成朋友和敌人、支持者和反对者、自己人和外人。如果他们担任领导者，很容易激起群体的恐惧和焦虑，酿成不幸和悲剧。他们希望别人知道自己不能被"刺激"，因而变得极具反叛性，用各种手段阻挠和妨碍他人，来证明自己不能被欺负。这样的做法，很容易让他们成为难以相处的孤家寡人。

> **划重点**

第7层级：自卑且焦虑的依赖者

第7层级的6号，没了嚣张跋扈，却表现出了胆小懦弱、恐慌易变，习惯自我贬低。每当他们的行为颇具攻击性时，他们就会开始担心：这样做会不会危害自身安全，破坏自己与支持者、同盟者和权威的关系？受困于强烈的焦虑不安，他们渴望重新找回自信，确保无论自己曾经做过什么，依然可以与那些人保持良好的关系，甚至会以眼泪讨好他人。

这一层级的6号，有强烈的自卑情结，总觉得自己很无能，焦虑感也越来越强，如果原来的朋友和保护者抛弃了他们，他们会重新找一个人来依靠。对于别人的好意，他们总是心存疑虑，不敢相信真的有人会对自己好，经常用消极或攻击性的行为来回敬那些想要帮助自己的人。当焦虑情绪进一步加深时，很容易演变成抑郁，损害6号的身心健康。

> **划重点**

第8层级：投射敌意的妄想症患者

第8层级的6号，有着更深的焦虑感，从自我压抑的抑郁状态逐渐转变成歇斯底里的被害妄想状态，丧失控制焦虑的能力。他们会非理性地对现实产生错误的直觉，把每件事都视为危机，变得神经质，潜意识里把自己的攻击性投射到他人身上。

这一层级的6号，不再认为卑微感是严重的问题，而是怀疑别人对自己充满敌意。换句话说，他们不再害怕自己，而是开始害怕别人，把所有的注意力都放在负面的信息上。不过，这个层级的6号还算幸运，他们通常能够得到一些人的支持和帮助，使他们免于因恐惧而做出不可逆转的破坏行为。

划重点

第9层级：歇斯底里的自我惩罚者

概括来说，6号十分渴望稳定而长久的亲密关系，可当他们发现歇斯底里的自己只能让周围人远离，就会滋生出强烈的负罪感。为了缓释这种负罪感，弥补过激行为给他人造成的伤害，6号通常会选择自我惩罚。不过，这种自我惩罚不是为了结束与权威人物的关系，而是为了重建自己的保护者形象。他们把失败加载到自己身上，为的是避免被别人打败。

不过，发展到第9层级的6号，已经完全失去了理性，无法控制自己的行为。他们在自我惩罚的过程中，经常会做出极端的行为，导致严重的身心虚弱甚至死亡。他们让自己沦为受虐狂，不是为了在自我折磨中享受快感，而是希望自己的苦难能够吸引一些人站在自己身边，扮演拯救者的身份，从而重建他们受尊重、值得信任的形象。

1.3 注意力焦点：
一切潜藏的危险

胡睿从小就很老实，比较怕事，在人群中不太受关注。

初中转到新学校，面对一群不认识的同学，胡睿很害羞。同学们看到他的反应，都觉得有趣，总是戏弄他、恐吓他，胡睿却不敢告诉父母。有一次，几个学生在离校之后打了胡睿，回到家后，他鼓起勇气向妈妈求助，可得到的却是这样一句话："你好好学习，别搭理他们！"这件事让胡睿很受伤，他想不明白："为什么妈妈不肯相信我是无辜的？难道我就这么不值得信任吗？"

不止这一件事让胡睿感到伤心和失望。从记事时起，妈妈就很少夸赞胡睿，即便他拼尽全力取得了不错的成绩，妈妈也没有说过半句认同的话，甚至还在亲戚朋友面前拿他跟其他孩子比，说他学东西比较慢，不如别的孩子聪明。

听到这样的评价，胡睿的内心无疑是失落的，他忍不住开始怀疑，是不是自己真的比别人差？妈妈对他的不认同，也让他积压了许多的不满。成年之后的胡睿，内心对母亲依然存有埋怨——为什么你不能欣赏我、认同我？带着这样的创伤，胡睿对身边的一切都抱着怀疑的态度。

6号多虑型人格者的童年，似乎过得都不太开心，始终被一种焦虑和不安全感笼罩着。他们对父母的感情是矛盾的，一方面为了获得认同而想要服从，另一方面又因为没能够取得信任而蓄意反抗，内心有一种强烈的无助感，觉得自己是被孤立的。这样的成长经历，使得他们对权威人士又爱又恨，既希望从权威人士那里得到肯定，又憎恨他们对自己的不信任。

我是个胆小的女孩，从小在爷爷奶奶身边长大，他们对我很好。那时候的我，天真开朗，经常逗得爷爷奶奶大笑。6岁的时候，我回到父母身边生活。爸爸的脾气很坏，我经常被他吓得不敢说话。有一次，家里来了客人，我去倒水的时候，不小心把茶杯摔了，爸爸当着客人的面骂我是笨蛋。我羞愧得无地自容，眼泪啪嗒啪嗒地往下掉……那天晚上，我做了一个梦，梦见爸爸恨恨地瞪着我，用手指着我的鼻子大骂。自那以后，我只要看到爸爸就会紧张，越紧张越出错。再到后来，我似乎患了恐惧症，每天夜里都做噩梦，一点儿风吹草动都十分紧张。

——6号的内心独白

成年之后的6号人格者，有时仍然无法克服内心的无助感。他们眼中的世界充满了威胁与危机，所有的事情都难以预测、难以确定。他们相信，要建立人与人之间的信任是很难的，所以活得谨小慎微，心思多疑而敏感。

划重点

为了生存，从充满危险的世界里获得一份安全感，6号往往会通过预想最坏的状况并做好准备来缓解焦虑。为此，他们通常会把注意力焦点放在寻找潜藏的风险上，努力发现一切可能变糟的因素，特别是那些不确定的、难以掌控的、尚未发生的危险，以便及时应对。

6号人格者的注意力犹如一台红外线扫描仪，总在环境的各个角落搜寻可能会对自己产生危害的迹象，想看看表象背后隐藏着怎样的事实，想知道微笑面孔的背后隐藏着怎样的想法。很多时候，问题还没有出现，他们就已经产生了很多的担忧。

在感情方面，6号人格者一旦与人确立了亲密关系，对感情是非常忠诚的。不过，他们仍然会把注意力投放在那些"可能会破坏关系"的因素上，不时地用一些方法和手段来检验婚姻的可靠性和爱人的忠诚度，以暗示性的询问来找寻所谓的答案，并以此获得安全感。他们经常猜测伴侣行为背后的动机，有时臆想伴侣行为背后是否有什么暗示，使得他们过于敏感，给人留下疑神疑鬼的印象，并引起伴侣的不满。

从根源上来说，6号人格者的焦虑不安源于害怕受到伤害或陷入难堪，为了更好地保护自己，他们希望在选择自己的立场之前，知晓他人的企图以及他人对自己的态度。所以，6号在情绪上非常敏感，作决策时也总是犹犹豫豫，显得过分谨慎。正因为此，6号比其他型的人格者多了一份警觉心，总是能够防患于未然，这也算是注意力焦点的"一体两面"吧！

1.4 情绪困扰：
把质疑与猜测当成现实

上大学的时候，为了赚取生活费，小森在快餐店里做小时工。

重复性的体力工作，并没有让小森感到不适，真正令她难受是，总觉得有人在盯着自己、审视自己。当她把餐食端给客人，或是为客人添加柠檬水时，她总是忍不住猜测，客人们究竟是怎样看待她的？

多数情况下，小森都是低着头，避免与客人对视，谨慎地回应问题。如果她抬起头，看着客人的脸，总觉得他们好像若有所思、欲言又止。有时，小森也会提醒自己："没什么，没什么，我只是一个服务员，他们怎么会对我产生讨厌的想法？"可她的思绪仍然不由自主地飘散，回想着某一位客人的眼神或是对方说过的某一句话，猜测他们的想法。

小森的这种状态，是典型的6号人格者在生活中的缩影，她关注的不是快餐店里的现实状况，而是客人们内心的想法，始终在寻找环境中对自己有威胁的线索。在现实中，6号说话做事非常谨慎，开口之前会深思熟虑，很少使用肯定的措辞，总是绕来绕去。

难道是6号不会直接表达重点吗？当然不是。其实，他们是在想：万一我说的话让对方产生了误解怎么办？要是对方质疑我的观点怎么办？对方对我是什么态度呢？带着这些疑惑，他们会预测反对者的干预手段，不断地假设被反对的情境，试图把所有的应对策略都准备充分。

我会事先设想最糟糕的结果，在脑子里经历一遍，就好像它真的发生过一样。等到真正的结果出现时，因为有过排演，我会更有勇气接受和面对。

——6号的内心独白

如果身边的人没有按照6号人格者的预期方向行动，或是作出了他们预料之外的反应，6号就会忍不住思考对方的动机，认为"和我原来想得不一样，这背后一定有原因"。如果是人格健康水平不佳的6号人格者，还会把自身的不安全感、深层动机，以及内心的阴暗面统统投射到对方身上，认为是他人反复无常、变幻莫测。

划重点

投射是6号人格者的心理防御机制，即把自己难以接受的想法、感受、特质或行为归于他人或外部环境。当投射成为一种不自知的心理模式时，会让人把对现实的解读当成现实本身，从而形成偏见或作出不利的决策。

投射心理，很容易加深6号人格者对人、事、物的猜疑和恐惧。在他们看来，周围环境中充满了不安全因子，人可能是居心叵测的，环境可能是充满威胁的。这种假设性的预判，让他们极度不安，并以自己的理解去揣测对方的意图，表面上看是在沟通，实则是在自我表达，从对方的言语中找寻印证自己揣测的证据。

这种带着投射的社交，时常会让6号人格者陷入孤独之境，因为他们很难真正地信任别人，也从未与人建立真正的连接。比如，当一位敏感的6号进入新环境中，环境中的所有人都会成为他怀疑和试探的对象。当他们率先怀疑某个人品行不端的话，就会从这个人身上找寻一切可能的证据来证明此人的确品行有问题，而这个人的优点就会被屏蔽。

每一种类型的人格者都有自己的防御机制，防御机制本身也没有好坏之分。投射本身没什么问题，重要的是对于投射有无意识。如果对投射一无所知，被无意识带着走，活在自以为是的世界中，很容易造成误解、偏见和冲突。

对6号人格者来说，提高对投射的觉察，探索那些未被自我接纳和整合的特质，分清自我和他人，至关重要。有一天，当你看到他人身上某些特质，是你曾经所不齿的；此刻，你却承认并接纳自己也有如此一面，那些批判和指责就转化成了宽恕和包容，真正的连接就发生了。

1.5 思维进阶：生命不是一场防御的游戏

如果一件事情让我感到焦虑，我就会不停地想它。说实话，我并不喜欢这种状态，甚至为此感到烦恼，总想那些可能发生却未必真会发生的事情，真的太消耗精力了，有时我会失眠、头痛。我也想改变，可就是不受控制地乱想，总担心自己考虑不周。

要是遇到这样的情况，比如参加完考试还没有出结果、和一位异性相互喜欢但还没有确定关系，或是领导告知要与我谈话却没说谈什么……我真的会抓狂，脑海里会冒出各种各样的桥段，不过多半都是不太好的情形。

——6号的内心独白

6号人格者总是与恐惧、焦虑、不安的情绪相遇，因为他们太渴望获得确凿、清晰的确定感，而生活中大部分的事情又是不确定的，它们的进度条总是处于"加载中"的状态，我们很难准确地知晓这些进度条会在何时可以顺利地加载完成，这些不确定的事情就成了焦虑的肇因。

虽然焦虑的情绪可以带来警觉、预防风险，可如果在许多非必要的小事情上也强迫性地胡思乱想，把自己的心囚禁在忧虑中，就会变成焦虑的奴隶。过分教条地坚持确定感和考虑周全，是6号人格者需要自我觉察和成长的部分。

划重点

生命不是一场防御的游戏，人生是用来经历、体验、服务和创造的。6号要正确看待生活中的不确定性，学会与焦虑情绪和谐相处，觉察消极联想的倾向，多留意事物的积极面，更加平衡地看待人与事，获得安心与幸福的体验。

不确定的状态是模糊的，无法根据过去的经验来推断事情接下来会怎样。多虑的6号人格者对不确定性的容忍度很低，经常会因为无法控制事物的发展而感到焦虑彷徨。

要解决这一困惑，6号可以从思维和行为两个方面着手：

1. 在情感上接纳自己焦虑不安的状态，不要抗拒、否定和回避，这样做可以有效地减轻不确定性带来的威胁感。

2. 针对具体问题采取积极的行动，增加生活中的确定性，比如：多关注短期目标，一天的规划比一个月的规划更容易带来掌控感；多投资自己，去学习，尝试新的体验、认识新的人，在不确定中关注自己的提升与成长。

积极心理学大师、美国乔治梅森大学的心理学教授托德·卡什丹，曾经讲述过一个"流沙生存指南"：假设你看到有人站在流沙中，对方一边呼喊"救命，快把我拉出去"，一边拼命地往外爬。你手里没有树枝或绳子，而你又想帮助他，此时你唯一能做的就是陪他说说话。

人们在掉进荆棘丛或泥坑后，第一反应通常借助跑、跳等方式摆脱困境。然而，这些做法用在流沙中是很危险的，一旦抬起一只脚，身体的重量就会全部压在另一只脚上，受力面积变成原来的一半，而向下的压力则变成原来的两倍。结果可想而知，就是越陷越深。

掌握了流沙的原理，告诉对方停止挣扎，试着平躺下来舒展四肢，可以增加与沙子的接触面积。如果保持这个姿势，他就可能不会陷下去，还有可能像滚木头一样从流沙里滚出来。

划重点

应对焦虑的方法，与应对流沙如出一辙。焦虑情绪本身没有什么问题，可是为了改变、控制和避免焦虑耗费大量的精力和时间，却会让普遍的焦虑变成严重的问题。这也提醒6号人格者，在感到焦虑时不妨暂时停止思考，做一些力所能及的小事，这样反而更容易平静下来。

○不要总是预演最糟糕的情况

人类的大脑有能力想象所有可能发生的最糟糕的情况，但如果我们静下来往往会发现，现实本身可能没有那么恐怖，我们所担忧的大都是自己对结果的解释。

6号人格者要觉察脑海中那些生动逼真的负面预演，试着找出让自己反应过度的原因，同时认清一个事实：那些你所担心害怕的事情，几乎从来没有真的发生过，那些只是你的想象。除非你作出不利于自己的行为，促使它们的发生。退一步说，就算事情真如你所想得那么糟糕，你仍然可以找到改善的方法。所以，一定要保持头脑的平静，觉察那些纷飞的负面念头和画面，果断对自己头脑中自动播放的"电影"叫停！

○不要总是考验和怀疑他人

世界上并没有那么多的坏人，也没有那么多居心叵测和不可告人的动机。仔细回想，你的生命中一定有值得信赖的人，如果没有的话，不妨设法去找出自己可以相信的人，并跟他们接触。这样做意味着要冒被拒绝的风险，并引发最深层的恐惧，但它值得一试。

划重点

○不要过分崇拜权威

6号人格者对自己不够信任，致使他们狂热追求能给自己带来安全感的东西，且过度依赖权威者，这样往往会被人操控和利用，这是6号人格者的一大致命缺陷。

奉劝6号，不要过分崇拜权威，或是以一种"我只是听别人的命令行事"的态度缩在后面。要鼓起勇气表达自己，告诉对方你心里的想法，以免自己显得软弱、不果断、或防卫性太强，从而造成人际关系上的冲突和紧张。

1.6 提升练习：
安心地追求并享受成功

"万一出错了怎么办？"

"我怀疑那么做是不是真的有效？"

"是这样的，但是……"

"听起来有点冒险，还是再等等吧！"

……

上述这些话经常出现在6号人格者的心里，他们的外在行动总是会受到内心的质疑。在谨慎的6号看来，犯错和失败比成功的期望要大得多，为此他们总是迟迟不愿采取行动。有时候，脑子里产生了一个不错的想法，也有了付诸实践的行动，可是注意力很快就发生了转移，开始怀疑行动的正确性。

6号人格者希望自己的行动是完美的，害怕遭受他人的质疑，特别是权威人士的攻击。与此同时，他们也害怕成为焦点，当别人都在努力争取成功时，他们会想方设法地避免成功，最常见的表现就是突然对所做之事失去兴趣，把成功抛给更需要它的人。

行动上的犹豫不决和推迟，很容易让人误解6号人格者是懒惰的，或是能力不足的，这样的负面评价会给6号带来焦虑与愤怒，而这恰恰是他们极力避免的东西。所以，对6号来说，最困难的一项心理任务就是减少行动前的犹豫不决，去争取一定程度的成功，并学会享受成就。

划重点

6号人格者在机遇面前表现出自我逃避和退缩畏惧的行为，不敢去做自己原本可以做得很好的事情，甚至逃避挖掘自己的潜力，在心理上称之为"约拿情结"。这是一种对成长的恐惧，也是阻碍自我实现的一个重要原因，正如马斯洛所说："如果你总是想方设法掩盖自己的本有的光辉，那么你的未来肯定黯然无光。"

对6号人格者来说，如何才能摆脱约拿情结的束缚，安心地追求和享受成功呢？

○ step1：意识到约拿情结是一种防御机制

在靠近自己渴望目标的过程中，一旦心里隐隐产生想要逃避的想法时，6号要提醒自己，这是防御机制在发挥效用，你在试图退缩到自己内心建立的安全堡垒中。意识到这一点至关重要，可以理性地知道发生了什么，然后作出有利于自己的选择——打破防御，克服恐惧的心理，鼓起勇气靠近内心渴望的目标。

○ step2：从较小的目标入手，逐渐积累自信

成长也好，成功也罢，都不是一日之功。6号可以从较小的目标入手，积累成功的体验，每一次获得的鼓励与肯定，都会成为行动的驱动力。生命是一个连续的过程，每一个选择面前都存在进退的冲突，如果每次都选择勇敢地前进一步，那么积累起来，就是不可小觑的大跨越。

生活是一场人人都得参与的比赛,必须要加入,无法逃避。冒险和博弈,是生命的重要组成,也是必经的经历。在行动的过程中,6号人格者的脑海中可能会不时地冒出一些奇怪的念头,阻止行动的继续。每次出现这样的想法时,不妨把它们记下来,了解自己在哪些地方存在问题,然后有针对性地去解决,这也是一种进步的方式。

第七章

7号解读

"我乐故我在"的娱人先生

1.1 人格素描：
　　 追求趣味感的"玩家"

关于沃尔特·迪士尼的故事，还要从一只"老鼠"说起。

1928年，沃尔特·迪士尼创造了卡通人物米老鼠，制作了电影史上第一部完整的动画影片。米老鼠一经问世，就掀起了狂热的浪潮，人们把沃尔特·迪士尼称为"米老鼠之父"。后来，他又创建了迪士尼主题公园，组建了现代化多媒体公司。

从此，沃尔特·迪士尼的名字，变成了梦想的化身。

1901年12月5日，沃尔特·迪士尼在美国芝加哥市出生，自幼喜欢绘画。

1917年，美国正式参与第一次世界大战。1918年，沃尔特17岁，他虚报了年龄并加入红十字会，当了救护车的驾驶员。战事结束后，他回到芝加哥，在一家电影广告公司上班。1922年，沃尔特离开广告公司，自筹了1500美元，创办了动画片制作公司。他聘请了两名推销员向全国推销动画片，可这两个人却携款跑路了，沃尔特的公司宣告破产。

1923年夏天，沃尔特来到好莱坞，跟哥哥罗伊凑了3200美元重新创业，成立了迪士尼兄弟动画制作公司，这就是今天迪士尼娱乐帝国的雏形。1925年7月，他跟哥哥罗伊建立了赫伯龙制片厂，第二年沃尔特将"迪士尼兄弟公司"的名称改为"沃尔特·迪士尼公司"。

1928年，沃尔特先后创作出三部以米老鼠为主人公的卡通片。迪士尼对影片的要求极其严格，影片中细致的动作大约需要人工手绘2万个画面。迪士尼最终做到了，但资金也用完了，沃尔特不得不卖掉自己心爱的跑车，为的就是要把影片做到尽善尽美。

1930年，米老鼠的角色冲出了美国，被全世界人们熟知。此时，沃尔特的得力助手被挖走，他大病一场，暂停了米老鼠动画片的生产。1932年，他重新振作起来，制作出了迪士尼公司的第一部彩色有声动画片《花儿与树》，并获得当年的奥斯卡奖。自此之后，他又先后推出《三只小猪》《白雪公主和七个小矮人》《木偶奇遇记》等一批优秀的动画片。

"二战"结束后，沃尔特·迪士尼的事业脚步放缓。他开始进军电视业，并于1961年在电视上成功地获得了良好的视觉颜色效果。沃尔特最大的贡献莫过于1995年在洛杉矶建立了迪士尼乐园，这是他人生中最伟大的梦想，他希望建立一座让孩子和父母都喜欢的场所。

最初，沃尔特准备把公园建立在西部的加利福尼亚，可过程中有很多的阻碍。许多公园的老板都说："不开惊险的跑马场，想要成功简直是做白日梦。"可是，沃尔特没有改变初衷，他还决定把这个公园称之为"迪士尼乐园"。

后来，迪士尼乐园真的建成了，可沃尔特却没有亲眼看到。因为，晚年的沃尔特不幸感染了肺癌，在1966年12月14日午夜离开了这个世界。他的女儿说:"爸爸以前想做的就是让人们快乐,让他们笑起来。这永远是他生活的意义所在。"

沃尔特·迪士尼的身上散发着7号享乐型人格的特质,这类型的人强烈渴望趣味感,他们追求丰富的生命体验,不断创造新鲜的经历;即使有些新奇的经历不那么美好,但是能够拥有新奇好玩的体验,他们就会认为探索是值得的。

7号享乐型人格者的典型特质,可以归结为6个关键词:

划重点

关键词1:享乐

我是个外向的人,喜欢跟自己看得顺眼的陌生人搭话,想从新鲜事物中找寻乐趣。我有很多爱好,也喜欢新鲜刺激的极限运动。我讨厌痛苦的东西,上学的时候总是先玩后学,经常赶作业,临时抱佛脚。我害怕自己的时间被别人占用,有不想做的事就一拖再拖。多数时候,我都活得很开心,还有那么点儿自恋。

——7号的内心独白

7号是典型的享乐主义者,不喜欢压力,害怕负面情绪,渴望过愉快的生活,喜欢自娱娱人,能把人间所有的不美好化为乌有。他们就像生活中的一抹橙黄色,鲜明亮丽,乐观豁达,无拘无束的生活是他们的毕生追求。

划重点

关键词2：洒脱

7号是九型人格中活得最洒脱的一类人，不像1号那样战战兢兢，不像2号那样凡事都想着别人，也不像3号那样看重名利或4号那样悲情，更不像5号那样拒人于千里之外，或是像6号那样对身边的人充满疑虑。他们是最轻松的朋友，不会给周围人带去任何压力。他们深知，人生是一次没有返程的旅行，因而不会被身外的名利财富所累，也不会成为不肯花钱的守财奴。他们认为，"天生我材必有用，千金散尽还复来"。

划重点

关键词3：积极

7号人格者拥有绝对的自信，别人能够做到的事，他们坚信自己也能做到。灵巧的思维、敏锐的感觉，总能让他们在细微之处发现不寻常，做出令人啧啧称赞的创新。他们不是那种胆大包天的人，可一旦被激情包围，就会迎难而上。7号人格者有很好的抗挫能力，遇到了困难和麻烦会迅速地调整情绪，从悲伤痛苦中走出来。这种性格特点，对事业和人生发展大有好处。

关键词4：逃避

7号人格者追求自由多彩的生活，渴望新奇刺激的体验，并从中收获快乐。他们对生活中的痛苦持抗拒和逃避的态度，把一切负面的东西都解读为痛苦的状况，或者说是沉闷。他们会找很多理由来支持自己追求快乐的行为，对自己的逃避行为给予合理化的解释。在实际生活中，他们也真的会用新鲜刺激的事情来填补时间，让自己无暇顾及那些痛苦的事。所以，他们追求快乐这种行为背后的动机就是，避免去体验生活中的痛苦。

关键词5：自由

作为享乐主义者，7号人格者追求快乐的爱情，渴望与爱人一起及时享乐，到处发掘可以带来新奇、刺激体验的机会。在爱情中，他们就像长不大的孩子，会费尽心思安排新鲜、好玩的事情，来博得伴侣的欢心。他们希望在这些体验中，能够感受彼此内心的快乐。

7号人格者酷爱刺激、不寻常的关系，厌烦平淡乏味的爱情，喜欢制造浪漫的氛围，也很容易恋上不适当的人。他们渴望得到爱人的体贴关怀，痛快地享受眼前的一切，但不希望因为爱情而失去自由，他们可以许下建立长久关系的承诺，但前提是不能失去太多自主的空间。

划重点

关键词6：自大

7号人格者喜欢自我炫耀，甚至说出一些与事实不相符的事情。心理学家认为，这种行为的目的是补偿自我的需要。他们夸大自己的能力和身份，为的是在心理上得到理想自我的境界；得到他人的崇拜与爱慕。当对手向7号人格者发出挑战时，他们会通过吹牛的方式"蔑视"对手，给自己增强信心，降低内心的恐惧和焦虑。

1.2 健康层级：从"生活大师"到"惊恐患者"

划重点

第1层级：享受当下的生活大师

第1层级的7号，用一颗感恩的心欣赏一切，不强求环境为自己提供什么，也不会为了寻找快乐而心烦。他们发现，只要接受周围的事物，活在当下、享受当下，就可以得到快乐。他们接受现实的本质，无条件地热爱生命，肯定生命的价值，承认现实中的自己会焦虑、会脆弱，却也知道这是生命本来的样子。

由于对现实生命心存敬畏，这一层级的7号可以对世界和生命的本质给予赞赏，不给生命中的快乐附加条件。他们专注真正美好的东西，享受当下拥有的快乐，感受生命本质的丰富性，不畏惧生命的黑暗面，将其视为生存的一部分。

划重点

第2层级：积极寻找快乐的冒险家

第2层级的7号，开始产生焦虑感，无法充分体验现实，担心生活本身无法满足自己的需求，因而把注意力转向外部世界，积极地寻找快乐。他们对很多事物都充满热忱与好奇心，有顽强的生命力，不怕伤害、不畏挫折，敢于接受选择的失败，有强烈的冒险意识，不会轻易为自己的不完美而感到难堪。生命对他们而言，是一种学习过程，他们很重视这种体验。

划重点

第3层级：多才多艺的务实者

第3层级的7号，为了维持快乐的体验，开始形成一种务实的实用主义态度。他们相信，只要有足够的自由和财富，就可以过上满意的生活。为了达到这个目的，他们要求自己必须多才多艺，为社会作出贡献。

这一层级的7号，在许多领域都有突出的表现。他们有渊博的知识和丰富的实践经验，各方面的兴趣和天赋都可以得到发展，出色的业绩让他们成为人群中的焦点。他们不怕尝试新事物，也乐于去学习，掌握的知识和技能包罗万象，但并不失务实的态度。

划重点

第4层级：追求刺激的娱乐家

第4层级的7号，期待快乐和满足，开始关注自己能够从生活中获得什么，而不是作出什么贡献。相比生产与创造，他们更倾心消费和娱乐，想要尝试所有的事物，获得内心的满足。

这一层级的7号，依然是多才多艺的，只是许多经验尚浅。尽管每天忙忙碌碌，日程也安排得很满，但对于事物的新鲜感消失得很快，总是不断产生新的欲求。他们知道如何过高雅的生活，因而在衣食住行和财力限度内，会让自己拥有最大的刺激感。

> **划重点**

第5层级：浅尝辄止的活跃分子

第5层级的7号，渴望多姿多彩的生活，害怕无事可做，热衷于有意思的活动，很少用严肃的态度看待事物，也很少思索或反省自己的行为。他们的注意力有限，旺盛的精力和创造力总是被浪费，浅尝辄止的习惯让他们难以成就一番事业，做任何事都很难成为行家，大都是略知一二，因为他们很难长期坚持一件事，那会让他们感到厌倦。

这一层级的7号害怕孤独，不能让自己待在安静的环境中，对生活只看重"量"而忽略"质"。无休止的浅薄活动，会严重影响他们的生活，也让他们失去周围人的支持。

> **划重点**

第6层级：过度的享乐主义者

第6层级的7号是过度的享乐主义者，把财富视为最重要的价值标准，认为钱可以帮助自己得到任何东西。他们是贪婪的消费者，把所有钱都花在自己身上，完全不懂得节制，经常会买来一堆不需要的东西,很容易陷入经济危机。

对这一层级的7号来说,任何一段关系如果不能带来快乐,他们就会放弃,即便是婚姻,失去了新鲜感,也可能会被他们放弃。他们拥有很多,却仍不满足,只关心自己的利益,不愿与人分享;冷酷无情,不顾后果,也不愿意承担责任。

划重点

第7层级:冲动的逃避主义者

第7层级的7号,不仅没有节制,甚至完全不加甄别,任何东西只要能够给他们带来快乐,可以消除紧张和焦虑,他们都不会拒绝,为了寻求刺激,甚至可以几天不睡觉。

这一层级的7号,对曾经带给自己快乐的东西有强烈的依赖,如烈性酒、咖啡因或其他有效的刺激物,是冲动的逃避主义者。他们渴望借助这些东西让自己开心,结果却陷入无法挣脱的深渊。他们害怕独处,甚至会强迫别人加入自己的行动,倘若对方拒绝,他们就会翻脸。7号的这些行为很让人讨厌,但他们无能为力。渐渐地,他们就不再在意是否伤害了别人,而是会把别人当成出气筒,侮辱别人,导致自己被疏离。

划重点

第8层级:情绪不稳的麻烦制造者

第8层级的7号,会陷入疯狂的强迫行为中,担心自己丧失享乐的能力，强迫性地参与各种不同的活动中，如购物、赌博、滥用药物、酗酒、暴食等。一旦失去了维持活动的能力，他们就会格外沮丧。周围的人难以和他们沟通，所有尝试性的讲理或是限制他们亢奋的状态，都会遭到极大的反对。这一层级的7号，不再是快乐的开心果，而是麻烦的制造者。

划重点

第9层级：能量耗尽的惊恐患者

第9层级的7号，面对各种各样的现实焦虑，他们无处可逃，所有痛苦的、可怕的潜意识里的东西，都会跑出来扰乱他们。此时的7号，会感到惊慌失措，陷入歇斯底里的恐惧中。他们的能量与健康已完全耗尽，可能会疾病缠身。他们可能会认识到自己的错误，但是一切都已经离他们而去，留下的只有恐惧和绝望。

1.3 注意力焦点：
与快乐有关的事物

小时候，我被家里管得可严了，父母总是要求我必须完成作业才能去玩，我内心虽然不愿意，可又不敢公然违背父母的指令，只有乖乖地听从。不过，我只是在表面上就范了，实际上做功课时，我一直在自创不同的小玩意儿，有时是画画，有时是玩手指，或是想象着各种有趣的画面，让自己脱离被迫做功课的限制。

8岁那年，我在电视上看了一场羽毛球比赛，之后就喜欢上了羽毛球。我跟爸爸说了好几次想去学羽毛球，还央求他给我买一副球拍，可爸爸却认为这会影响学习，拒绝了我。后来，我又央求了爸爸好几次，他还是不同意。我开始抵触爸爸对我的束缚，但我没有发脾气，而是开始偷偷地存钱，给自己买了一副球拍，并参加了学校的羽毛球兴趣小组，技术也是突飞猛进。一年之后，我参加学校里的羽毛球比赛，拿了冠军。

——7号的内心独白

不少7号人格者在描述自己的成长经历时，似乎都有不被理解、被束缚和限制的体验。他们看到的世界，到处都充满着规范和限制，让人感到痛苦。所以，他们会本能地想要冲破那些束缚，并相信只有通过追求自由和快乐，才可以逃避痛苦、脱离规范。

7号人格者期待的人生，要有各种不同的选择，要有多姿多彩的经历，每天充满欢乐和正面体验。所以，他们往往爱好广泛，手里总是同时做着好几件事，枕边总是放着两三本没看完的书，什么艺术种类都懂一点，却又不精通。在7号看来，所有的兴趣都是相互关联的，都会把他们引到某个方向，在未来的某一时刻，这些兴趣会汇集在一起，成为一件美妙的事。

划重点

对7号人格者来说，活着就是要享受，他们对生活充满了热情与好奇，注意力焦点始终放在兴奋刺激、新奇有趣的事物上。体验是7号的生活之道，玩乐对他们来说就像呼吸一样，无处不在，须臾不离。

如果你想知道哪里有好吃的、好玩的、有意思的事，向7号询问一定不会让你失望。他们有强烈的好奇心，把每件事、每一种体验都视为天赐的礼物，享受生活的点点滴滴，把生命中的每一次历练都视为滋养身心的源泉。

由于注意力特别容易转移，7号很难持续地、专注地做某一件事情。随着对某件事的持续体验，趣味感和新鲜感会逐渐降低，这是7号难以忍受的，他们会感觉很无趣，从而丧失坚持的动力，并把注意力转移到其他事情上，表现出喜新厌旧的态度。

这也提醒7号人格者，不能总是屈服于自己的冲动。适当地抑制冲动，才能够把注意力集中在真正有益的事情上。学会延迟满足，学会欣赏安静，享受孤独，在较少刺激中生活，慢慢地学会信任自己，对人生更有益处。

1.4 情绪困扰：
害怕面对现实中的痛苦

我害怕限制，害怕负面情感，更害怕跟悲伤的人待在一起。

每当女朋友跟我说起一些负面问题时，我总觉得她是在强迫我去面对不高兴的事。我不喜欢探讨那些问题，我希望两个人相处的时光是开心的，关系是舒适的。通常，我会找借口避开那些话题，如果实在无法摆脱，我会产生一种厌烦之感。

女朋友指责我太自私，不能体察她的感情需要，有时也会因为没有得到想要的安慰而生气。坦白说，这样的相处模式与我想象中的情感关系有很大出入。在我看来，没有必要活得那么累，一起开开心心地体验生活不好吗？

前些天，女朋友忽然提起"结婚"的话题，这让我感觉到了一丝压力。倒也不是不喜欢她，只是觉得婚姻是一种承诺，想到此生要被某一固定的人"控制"，我觉得丧失了自由。

——7号的内心独白

人格健康水平较高的7号，可以安然地体验生活中的一切，无论是快乐还是痛苦，都欣然接受。随着人格健康水平的走低，7号就会被人格中的阴影部分操控，而这一切都是无意识的。

以上述7号人格者为例，他害怕限制，也害怕负面情感，让他坐下来感受伴侣的悲伤情绪几乎是不可能的。从某种意义上说，他并没有生活在真正的情感关系中，因为他的内心充满了关于情感的各种想象，希望伴侣带给自己的生活是美好的，没有任何约束和限制。如果伴侣缺乏快乐的精神，他会选择逃离现场，或是结束这段关系。

7号喜欢冒险和思想上的碰撞，渴望通过新奇、刺激的事物来保持内心的愉快感受。但是，这种享乐主义不是理性的，他们表面上看起来很快乐，实则总觉得背后有许多可怕的"猛兽"在追赶着自己。这些"猛兽"可能是生活中的麻烦事，也可能是被限制、被约束引发的焦虑与恐惧。为了逃避痛苦的体验，他们会以各种合理化的理由说服自己，并通过新的体验转移注意力。

划重点

弗洛伊德曾说："当一个人处于无法避免的痛苦中时，就会爱上这种痛苦，把它看成幸福。"这句话描述的恰恰是7号人格者的心理防御机制——合理化，即在面对挫折和痛苦时，在头脑中对事情进行解释或辩解，以积极的重新定义来逃避痛苦、悲伤、内疚、焦虑等负面情绪，以便维持心理平衡。

在日常生活中，合理化通常有三种表现机制：

1. "酸葡萄"心理

吃不到葡萄说葡萄酸，这样的解释比较容易被自己接受，也可以保护自我价值不受伤害。

2."甜柠檬"心理

面对不如意时,努力强调事情美好的一面,以减少内心的失望与痛苦。

3.推诿

把个人的不足或失败,推诿于其他理由,让别人去承担过错和责任。

作为心理防御机制,自我合理化可以给7号营造一个缓冲带,让他们在遭受挫折的时候,用这种方法暂时地减除痛苦,避免心灵崩溃。然而,长期使用这种机制,就成了自欺欺人,非但解决不了问题,还会让7号的内心产生复杂的矛盾冲突。

划重点

7号人格者清楚地知道,长期以来被压抑的恐惧和问题并没有得到解决,而这种压抑本身也是负面的情绪体验,他们不愿意面对。因此,越是意识到问题,越是无法采取行动去解决,反而更加以追求外在快乐的方式去逃避,让自己陷入到"应该与否"的情绪困境。

做快乐的事情,可以暂时忘却痛苦,但要彻底解决问题,却必须直面现实。7号需要认识到,生活中真正的快乐和满足感来自对生命全部的体验,生命不但有快乐,还会有悲伤,经历一切才能体会内心真实的喜悦。

建议7号人格者,多花点儿心思培养专注力,确保自己脚踏实地地收获一个又一个的成就感;接受生命中的沉闷与痛苦,遇到问题及时提醒自己,不要用追求外在快乐的"合理化"借口来欺骗自己;越是体验到焦虑与恐惧,越要探寻情绪背后的根源,用行动去战胜问题。

1.5 思维进阶：
分清健康自恋与病态自恋

自恋的英文单词是 narcissism，这个词语起源于希腊神话。

相传，河神与水泽女神之子纳西索斯，是一位长相非常俊美的男子，他生下来就有预言：只要他不看见自己的脸，就能够一直活下去。待他长大后，许多漂亮的女子都爱上了他，可他却对任何女子都不为所动。

直到有一天，纳西索斯打猎回来，看见了清泉里的自己，他被自己的美貌打动，爱上了自己的倒影，始终不愿离去，最后死在了湖边。死后的他化身为水仙花，留在水边守望自己的影子。后来，人们就用"水仙花"来形容一个人"爱上自己"的现象。

划重点

自恋是个体通过自我、情感的调节加工，保持一个积极的自我形象能力，是个体自我确认和肯定的基础。每个人都需要一点健康的自恋，这是一种自我保护的功能，确保本我精神的强大，不被外界打击。

在九型人格中，7号人格者的自恋情结是比较明显的。他们坚信自己是出类拔萃的，高度强调个人身上的特点，渴望让自己充满吸引力，喜欢得到他人的崇拜与爱慕。

　　适度的自恋是有益处的，特别是在竞争的环境下，自恋者能够更加自如地展示自己，很少患得患失、瞻前顾后，也不太惧怕失败，因为他们认为自己是最有能力的。在日常生活中，自恋者不太会在意他人的看法，力争自己想要的东西。

　　餐厅的面包口感不好、找回的零钱有些破旧、背景音乐不好听……我都会提出来，力求得到自己想要的结果。我不在意这么做会不会惹人不高兴，这是我的权利，值得去捍卫。

——7号的内心独白

　　如果自恋过了头，从健康的自恋演变成病态自恋，对自我价值感过分夸大，就不是一件好事了。德国奥托·冯·居里克大学心理学教授曾对加州大学伯克利分校的237名学生的自恋人格进行调查和研究，并跟踪了他们以后23年的情况，结果发现："虚荣程度最高的年轻人，人际关系更容易出现不稳定的状况，且在中年时期离婚概率更高；在18岁时特权感最强的人，中年后总体的幸福感和对生活的满意度较低。"

划重点

　　7号人格者一定要分清健康自恋和病态自恋，切忌过于沉迷自身的独特性，而对那些反映客观真相的建议视而不见。

　　通常来说，病态自恋通常会呈现出以下几种行为特性与模式：

1.认为自己与众不同，只能被其他特殊的或地位高的人所理解。

2.希望被他人欣赏和崇拜,但本身缺少与之相配的能力与成就。

3.对侮辱、失败和批评反应过敏,并有侵略性反应。

4.思想被权利、财富、成功、漂亮、爱情等幻想占据。

5.没有同理心,不愿识别和认同他人的情感与需要。

6.很容易嫉妒他人,却反过来认为他人嫉妒自己。

7.好高骛远,为实现不切实际的目标采取极端的手段。

8.在人际关系上剥削他人,经常为了达到自己的目的而利用他人。

严格来说,要确定是否属于病态自恋,首先排除个体是否存在器质性病变,再通过精神科医生进行专业测试,才能真正地确诊。不过,7号人格者可以将上述所列举的这些行为特质作为参考,毕竟病态自恋会严重影响正常的人际关系与社会生活。

1.6 提升练习：
诚实地面对痛苦的体验

有人说，人类是自我欺骗大师，总是欺骗自己去相信错误的，却拒绝相信真相。这不是刻意讥笑，也并非言过其实。与所有的生命系统一样，人类已经进化出多种机制来抵御生存与躯体完整性的威胁，心理防御就是其一。

划重点

所谓心理防御，就是为了逃避痛苦而向自己撒的谎。之所以对自己撒谎，是因为害怕面对真相，没有足够的心理承受力去承认事实，并处理随之而来的结果。于是，自我欺骗就成了最好的遮挡牌，得以把那些无法接受的想法和感受排除在意识之外。

7号人格习惯用合理化的方式安慰自己，这种否认和自我欺骗如同一针麻醉剂，可以暂时不必承受真相带来的痛苦，但它需要耗费大量的精力去克服认知失调，即自认为自己（或事实）是这样的，而现实行为折射出的自己（或事实）却是相反的。

令人不悦的现实，不会因为7号把它们挡在意识之外就自行消失。压抑和逃避痛苦的体验，会不断地消耗7号的精神能量，并从意识领域转入到潜意识领域，以另外的形式表现出来，如梦魇、酒后吐真言、拖拉、推诿，这都是被压抑到潜意识里的想法或欲望，趁着意识的控制能力较弱时冒出来的现象。

划重点

心理学家托马斯·摩尔说："对一个人最好的治疗，就是拉近他与真实的距离。"

7号人格者最需要摆脱的性格桎梏，就是不要一味地逃避痛苦，要允许自己有各种情绪，不加指责地承认情感的真实性，认识到每一种负性情绪都有其价值。

与痛苦待在一起的滋味固然不舒服，但只有在这个时刻，才能够摒弃嘈杂的想法，不再为对抗情绪耗费心力，从而静下来审视：现实情况究竟有没有那么糟糕？真正棘手的问题在哪儿？负面情绪背后隐藏的真实需求是什么？我现在可以做些什么？

自我成长是一个终身的课题，7号需谨记：生命中有快乐、有痛苦都是正常的，不能用逃避的方式掩盖痛苦的存在。只有真正地接纳痛苦，才能够彻底超越它、摆脱它。

第八章

8号解读

"我强故我在"的魅力领袖

1.1 人格素描：充满正义的"强者"

几十年前，中国香港有一位粤剧界的名人叫李海泉，他希望自己能闯出一番名堂，让家人过上好日子。

1940年，李海泉的儿子在美国三藩市出生，他把希望寄托在下一代的身上，还特意给孩子取名叫——振藩，寓意着将来可以威震三藩市。这个名叫振藩的孩子，的确也没有辜负父亲的期望，长大之后不仅威震三藩市，还扬名世界。只不过，很少有人知道他的这个名字，大家都叫他"李小龙"。

李小龙儿时被发掘成童星，六七岁就受影艺界的熏陶，这也为他日后在电影圈的发展奠定了基础。李小龙很好动，1995年遇上了咏春宗师叶问，成为他的徒弟。李小龙对武术有一份狂热的爱，17岁时就在校际拳击比赛中取得了冠军。

1961年，李小龙到西雅图华盛顿大学攻读哲学。他经常被一些好事之徒骚扰，而一身的好功夫又让那些人甘拜下风。之后，李小龙干脆在西雅图开设武馆教人功夫。1964年，李小龙在长堤的空手道大赛担任表演嘉宾，让更多的人见识了他的功夫，其中不乏一些电影工作者。

1965年，李小龙有感传统的中国武术应该有更大的发挥空间，便开始整理自己生平所学的功夫，希望能够创出一套全新的武学系统。1966年，根据连环画改编的《青锋侠》拍成剧集，李小龙在剧中担任青锋侠的助手。此片大受欢迎，但李小龙在拍过这部剧之后，并没有继续他的事业。赋闲在家的他，偶尔担任好莱坞演员的私人武术教练，其他时间都用来整理创建他的武术系统。1967年，他为自己的新武术系统起了一个名字——截拳道。

1970年，李小龙回到中国香港，并上了无线电王牌节目。观众们记住了这个锋芒毕露的年轻人，当时嘉禾电影公司也看中李小龙，之后专门派人到美国找他商谈拍片事宜。此后不久，《唐山大兄》这部为李小龙量身定做的电影问世，破尽中国香港电影票房纪录。1972年，《精武门》上映，当年又刷新了票房。

两部电影的成功，让投资者们雄心万丈，前往意大利制作《猛龙过江》。1973年，《龙争虎斗》问世，为李小龙成为国际巨星奠定了基础。可惜，谁也没想到，同年拍摄的《死亡游戏》却成了他的遗作。

李小龙这颗璀璨的巨星，在最灿烂的那一刻陨落了。直至今天，他依然是中国功夫的代表人物之一。

李小龙的身上有8号人格者的影子，这类型的人充满正义感，厌恶虚伪，从不装腔作势；对朋友很讲义气，对弱者充满怜悯之心；遇到不公平的事情，会站出来打抱不平；渴望在社会上与人群中有作为，喜欢发号施令、掌控局面，有着让人折服的领导魅力，眼神直透人心，不怒自威，故而也被称为"领导型人格"。

如果要为8号人格者勾勒出一副人格素描像，以下6个关键词是必须凸显的：

划重点

关键词1：坦荡

我是一个有点冲动的人，遇到不公平的事，我不会袖手旁观。对朋友我是绝对忠诚的，会为他们两肋插刀。我讨厌虚伪，也不会装模作样，说话直来直去，鲜少拐弯抹角。

身边的人都说我看起来有点严肃，可遇到高兴的事时，我也会展露出孩子一样的笑容。有人说，我像《天龙八部》里的乔峰。我不知道自己到底像不像，但我知道，我愿意用生命来保护自己的家人、朋友以及身边的人。

——8号的内心独白

8号人格者喜欢直来直往，为人坦荡，不喜欢阿谀奉承的虚伪之人，也痛恨别人欺骗自己。一旦觉察到有人欺骗自己的感情，愤怒的火焰立刻就会蹿起，令人胆战心惊。他们是正义的化身，无法接受弱肉强食的现实，也无法忍受是非不分的态度。他们是天生的保护者，会为了受压迫的弱者挺身而出，从不畏惧承担责任。8号不是靠嘴上功夫交朋友的人，也不会因金钱和地位而区别对待身边的朋友，他们最看重的是一个人的才能与品行。

划重点

关键词2：独立

8号人格者有自己的想法和主见，也有自己的处事原则，不喜欢被人指手画脚，也要求身边的人尊重他们的主见与行为标准。他们会将这份尊重视为自己掌控环境所得的成就感，也会认为这是别人给自己面子。

划重点

关键词3：主宰

8号内心最强烈的渴望，是用一段又一段的里程碑来证明自己具备主宰人生的能力。他们喜欢掌控身边的一切，以此来证明自己的实力，维护自己的威严和霸气。他们喜欢这种感觉，更喜欢让人对他们产生敬畏和尊重，服从他们的领导。

正因为此，8号很害怕有人趁自己懈怠之时，窃取自己的胜利果实，或是动摇自己的掌控地位，让自己多年努力建立起来的威望被削弱，从而被他人左右，不得不屈服于人。若真如此，8号会觉得自己无法主宰自己的人生，有一种被命运拉扯的无力感。所以，他们时刻保持威严、整装待发、渴望掌控一切，为的就是不让自己陷入"受制于人"的境地中。

划重点

关键词4：固执

8号人格者在追求力量和胜利的过程中，可能会变得刚愎自用，固执地认为自己心中的真相就是客观的真相，排斥一切反对的意见。他们会高度地关注他人的弱点，而忽略自身的不足。他们喜欢用拒绝承认现实的态度面对周围的缺陷，拒绝承认烦恼自己的事情的存在，并且强迫自己相信自己的判断是对的，不愿承认自己做错事的事实。

划重点

关键词5：极端

8号崇尚斗争，他们的世界只存在两极——对错、是非或有无，不允许自己的世界存在灰色地带，也不接受模棱两可、可有可无的态度，非常极端化。他们几乎不会以妥协的形式来解决问题。在他们眼中，中立也是软弱的一种表现，而他们坚持摒弃一切软弱的因素。

划重点

关键词6：强势

8号人格者在情感关系中，习惯照料和关怀别人，不习惯别人的呵护，即使是在亲密的伴侣面前，也很难表现出柔情的一面。为了心爱的人，他们会不惜一切代价提供保护。不过，他们有极强的控制欲，总想控制伴侣的一切，却又不愿意被对方控制。他们通常显得过于强势，认为一旦示弱就会破坏自己构建的强势形象，让伴侣觉得自己好欺负，甚至遭到厌弃。

8号人格者总是专注于自己的欲望，体验对生命的掌控感，而忽略爱人的内心感受。如果爱人不主动表达自己的好恶，他们会把爱人的表现视为认同,并要求对方支持和配合自己的决定。所以,了解爱人的内心和感受,是8号人格者需要努力的地方。如果能够做到这一点,便可以更多地赢得爱人的感激与回应,成为一个体贴、粗中有细的好爱人。

1.2 健康层级：从"宽宏之士"到"暴力之王"

划重点

第1层级：深怀爱意的宽宏之士

第1层级的8号，宽宏大量，深怀爱意，懂得替他人着想，却不试图刻意掌控任何人。他们希望每个人都能过得好，为众人谋求利益。他们知道自己该做什么、不该做什么，不会冲动行事。这一层级的8号，并没有降低对外界的掌控力，他们彰显出了独特的魅力——温和宽容、体贴坦诚，这使得他们极具感召力和领导力。

划重点

第2层级：坚信自我的足智多谋者

第2层级的8号，自信水平较高，相信自己可以掌握周围一切，掌控自己的命运。他们不会被现实和他人所控制，按照自己的想法做事，坚持自己的意愿。他们有极强的意志力，能够克服困难，不惧怕生活的风雨，敢于面对挑战。每一次理想实现，都会让他们的内心变得更强大。他们渴望在人群中展现自己的能力，也有谋略和勇气。在他们看来，按照自己的方式做事是最可靠的自我感觉，可以影响周围的人。

> **划重点**
>
> **第3层级：令人敬仰的领导者**

第3层级的8号，充满才干，经常为他人所依赖，是天生的领导者。他们渴望控制自己和周围的世界，拥有决断力与谋略，同时也具备强大的心理力量，敢为结果负责。与此同时，他们富有建设性，善于激励他人，知道如何调动他人的积极性。

这一层级的8号，最看重尊严和信任，寻求公平和公正。他们富有远见，会给他人成长的空间；他们富有权威，激励人们超越自我；他们挑战世界，是众人心中的英雄，是值得追随和敬仰的典范。

> **划重点**
>
> **第4层级：重视财富与成功的务实者**

第4层级的8号，有务实的精神，要求自己成功，而不仅仅是追求卓越的目标。他们努力工作，享受工作的乐趣，有承担风险的勇气，敢挑战极限。同时，也很重视金钱回报，渴望积累自己的财富，构建稳定和安全的自我世界。

这一层级的8号，只专注自己的事，不太关心其他人，也不太在意合作，只关心他人能给自己带来什么样的利益。他们喜欢竞争，坚持己见，有强烈的控制欲，不愿听从他人。

划重点

第5层级：渴望掌控环境的支配者

第5层级的8号，开始支配周围的环境，为了实现自己的掌控力，经常夸大其词显示自己多么强大。他们很在意别人是否服从，善于说服，并用小恩小惠收买人心。为了时刻彰显自己的重要性，他们会做出慷慨大方、抢着买单的行为。这些风光无限的表象背后，隐藏的是他们潜意识里害怕别人不追随自己、不对自己表现出尊重和服从的恐惧。

这一层级的8号，经常把人视为工具，认为他们都是为自己的需要而存在，甚至采用高压手段让人服从，实现自己的权威，这些强迫手段有时会引发冲突和反抗。他们的同理心在减弱，很难考虑他人的处境和感受，显得有点粗鲁和冷漠。

划重点

第6层级：态度强硬的好斗分子

第6层级的8号，是典型的好斗分子，态度强硬，不相信任何人，习惯把人置于敌对面。当他们想要支配别人，却发现对方不肯顺从时，就会采用加压和斗争的方式来说服对方。他们迷信斗争，通过表现强势而抢占风头，经常虚张声势、恐吓他人，试图动摇他人的信心。不过，他们只敢恐吓那些自己有把握控制的人，对于那些实力远超自己的人，他们不敢轻易与之发生冲突。这一层级的8号，看重利益和权利，认为它们是实现控制的有力武器。

划重点

第7层级：内心坚硬的亡命之徒

第7层级的8号，与周围人的斗争加剧，感觉别人已经在公开疏远和排斥自己，这是他们难以容忍的。为此，他们会不惜一切代价去给外界施压，试图将一切控制在自己手中。他们不再相信任何人，一次次地给予他人无情的打击。他们停不下来，害怕一旦停止，别人会给自己带来更大的伤害。

这一层级的8号是危险的，为了达到目标会不择手段，可以牺牲友情，不顾契约，放弃良知。他们倾向于使用暴力，内心坚硬。

划重点

第8层级：为所欲为的自大狂

第8层级的8号，由于残暴引起公然的反抗，会遭到其他人的疯狂报复，他们担心的威胁正在变成现实，局面已经无法掌控。如果经过一段时间之后，他们发现别人没有把自己怎么样，就会错误地认为自己是坚不可摧的，是不可战胜的，演变成绝对的自大狂，认为自己应当拥有绝对的掌控权。

这一层级的8号，会广泛地打击周围的人，哪怕对方是无辜的，他们试图用这样的方式来证明自己的强大。他们为所欲为，相信没有什么东西可以阻碍自己。除非有一种无法抑制的力量彻底压住他们，否则他们不会停止暴行。不过，他们内心深处也隐藏着深深的恐惧，那就是害怕别人会变本加厉地报复。

划重点

第9层级：不惜同归于尽的暴力破坏者

第9层级的8号，要么战胜一切，要么同归于尽。当他们发现周围的世界完全失控，自己即将被毁灭时，就会对周围的一切进行攻击。这一层级的8号，已变成暴力的破坏者，只要能保全自己的性命，其他的一切都可以牺牲，完全以自己的主观意愿为中心。

1.3 注意力焦点：
关乎自我利益的事物

至今想起年少时发生的那件事，艾瑞仍然会有感激。

那时的艾瑞，正在读小学二年级。有一位高年级的学长与他发生争执，顺手将他推倒在地。当时正下着雨，地上全是水渍，艾瑞摔在泥浆里，浑身都沾上了泥，被雨浇得湿透。艾瑞心里满是愤怒，却又不能做什么。他很清楚，凭借自己弱小的身躯，根本无力与对方抗争。

没想到，这一幕被某位老师尽收眼底，那位老师平时温文尔雅，很少发脾气。只见那位老师怒气冲冲地走来，冲着那个高年级的男生大吼："你想干什么？"那个男生神情紧张，看起来很害怕的样子，直接愣在原地。之后，老师嘱咐艾瑞回家洗个热水澡，不要感冒了。

老师的做法，让艾瑞弱小的心灵得到了无限的安慰。正是从那时候开始，艾瑞的内心植入了一个强烈的信念：想要不被侵犯，就得成为强者。

毫无疑问，8号领导型的人属于强者，具有超强的能力和领袖气质，攻击性也很强。但是，这种攻击性通常都是针对强者的，他们不屑与弱者争斗，甚至愿意为弱者提供保护。

之所以会形成这样的人格特质，可能与8号在成长过程中遭受过精神或肉体上的打击有关，比如：在家庭中被年长的手足压制、被父母嘲笑柔弱的情感或欲望，在学校里遭到老师批评和贬低、被同学欺凌……无论哪一种情况，内在的羞辱感和剥夺感都让8号意识到，表现出软弱或敏感只会给自己带来麻烦，只有变成强者，才能保护自己。

为了争取自己的权利，为了更好地生存，8号人格者会将自己从无力和牺牲的角色中脱离出来，转变成强势和掌控者。很小的时候，他们就学会了锤炼坚强的意志，以对抗任何脆弱的情感；成人之后，他们经历的大起大落，也比其他人都多。

划重点

8号人格者在潜意识里认为，世界的生存法则是"弱肉强食"，想在残酷的世界里生存，不仅要自身强大，还要控制自己生存的环境。为了证明自己的强大，他们会把注意力的焦点投放在与自我利益相关的事物上，尽可能地掌握权力、金钱等资源；同时，还会尽力让自己拥有其他人羡慕的、需要的资源，以此获得领导权。

对于人格健康水平良好的8号来说，这种不畏斗争、放胆求胜的个性，体现了意志与勇气，也彰显了自主与权威，为自己和公众谋取福利，容易成为令人敬仰的领导者。对于人格健康水平不佳的8号来说，体现出来的却是一种破化性的力量，如胁迫、专断、威吓、贪婪，他们可能会滥用暴力来控制周围的人，为满足私欲不择手段，无视规则与他人的权利。

1.4 情绪困扰：
　　无法掌控身边的一切

在成长的过程中，8号人格者很早就学会了博弈之道。他们会合理运用自己的品质和特长去赢得胜利，而不是蛮干。如果身体不够强壮，但头脑足够聪明，他们会担任出谋划策的角色指挥别人；如果身体强壮的话，则会用"拳头"压倒对方。

8号的内心充满正义感，对不公平的事情不会忍气吞声，也很喜欢保护弱者。不过，他们保护弱者的方式不是流露温情与关爱，而是提供一个强有力的环境，让对方活在自己的保护之下。因为有了这样的观念，使得8号总想通过权利来掌控局面，让身边的人听从自己的安排。

8号一直以领导者、权威者的形象出现，表现出勇敢、独立的一面，生怕松懈下来被人乘虚而入，窃取自己得来不易的胜利果实，或是动摇自己的掌控地位，让自己多年来拼搏奋斗换来的威望被削弱。对于那些试图控制他们的人和事，8号会感到无比厌烦和愤怒。

假设在和8号约会时，对方迟到了，8号很可能会用发火或冷暴力的方式让对方屈服，以达到自己控制规则的心理。事实上，他们自己也并非完全恪守时间，很可能在召开某次公司会议时，他也迟到了，让下属们坐等了半个小时。

划重点

8号太渴望能够预测和控制自己的生活，如果无法掌控身边的一切，失去了保护者的身份，或是被人牵制和左右，他们就会遭到负面的情绪困扰，产生一种被命运拖拽的无力感，以及觉得自己被环境或他人打败的挫折感。

遇到这样的时刻，8号人格者会减少自己的行动，保持低调，以此保护自己。然后，冷静地分析环境中与自己对立的一切，对比双方的实力，暗自积蓄能量，还会搜罗对方的错误，以此作为打击对方的利器。与此同时，他们也会用这些东西说服其他人，来赢得尊重和影响力。

倘若对方没有给予8号想要的回应，他们就会用批评、否定对方的方式来维护自己的权威，证明自己是对的。不过，这样做的结果，往往会让他们遭到更多的反对，承受更大的压力。为了确保自己不被牵制，8号会拿出更强硬的态度，给人一种蛮横霸道的感觉。

8号需要认识到，在必要的时候作出妥协，并不会牺牲你的权力，遮掩你的强大。相反，自我膨胀才是一个危险的信号，如果学不会克制，很有可能会与人发生更严重的冲突。况且，那些所谓的"斗争"，很多时候并不是客观事实，而是自己构建的虚拟战场。

划重点

真正的独立,不是靠对抗他人和控制环境得来的,而是真正地放开自己的心胸,用包容和爱来接受环境中的所有,继而战胜内心害怕被牵制的恐惧。真正的力量,不是展示赤裸裸的强权,而是激励、鼓舞他人的能力。

如果8号懂得把握自己的心,在掌控权力的同时,用亲和友善的态度对待身边的人,不仅会显示出一种"仁者无敌"的风范,也更容易获得别人的忠诚与敬畏。

1.5 思维进阶：
承认脆弱不等于懦弱

我不愿意看到任何负面的东西，我要看到我的力量而不是弱点，即使我有缺点，我也要选择忽视它们。我如果去做一件事情，我首先想到的是要成功地去做，这个时候，如果任何人告诉我，我做这件事可能有哪些缺陷，我就会勃然大怒，认为他是一个晦气鬼。

我不愿意承认缺陷，我只要让自己明白，一定可以做好，因为我有很多的优点。我选择忽视缺点的另一个原因也在于，怕自己考虑太多负面的因素，就会丧失真正的勇气。

——8号的内心独白

8号人格者为了追求主宰人生的能力，时刻让自己表现出威严、强势，总以对抗、战争的态度和架势面对环境，以此来保持自己掌控一切的地位。为了保护自己，他们极力避免无助、脆弱与从属，害怕一旦示弱就会遭到他人的攻击，习惯用强大来掩饰自己的虚弱，否认自己的内在需要，自我欺骗地不承认自己的脆弱部分，把脆弱隐藏在心灵的最底层，试图不让任何人发现，包括他们自己。

划重点

否认是8号人格者的心理防御机制,这是一种比较原始而简单的防卫机制,它意味着在身体中心发力,通过意志力和控制力强行对能量进行引导,压制痛苦和脆弱的感觉。

8号与人交往时经常会保持戒心,有自我保护的感觉,所以他们会避免表现出脆弱,努力维系一个强大的自我形象。这种过分强硬的外表,以及掩饰内心渴望被人关爱和支持的需要,让他们丧失了享受被人关怀和帮助的机会。毕竟,与一个不允许自己表露脆弱的人相处是很难的,这会让人觉得自己不重要,没什么可给予的,且永远都不被完全信任。

划重点

作家布琳·布朗在TED上做过一期演讲,主题是"脆弱的力量",她说:"为了与他人建立联系,我们感到必须表现自己,让别人彻底了解自己,这就是——脆弱。"

其实,8号与其他型的人格者一样,也渴望与亲近的人建立联系,只是他们太害怕暴露自己的脆弱了。他们潜意识里认为,脆弱是羞耻的,只有弱者才会表现出无助与脆弱,而弱者是要被欺负、被鄙视的。对于渴望强大、追求威严的8号来说,他们讨厌看见自己和他人脆弱,认为脆弱是懦弱的表现。

欧阳是一家公司的行政主管。每天早晨起来,尽管脑袋还在因为前一天的加班而发晕,但她临出门前,还是会对着镜子勉强地挤出一个微笑,暗示自己说:"我必须精神饱满,我必须展示出自信和快乐。"其实,那一刻,她潜意识里真实的想法是——"低落"是不对的,"疲倦"是不好的,"脆弱"是会被人嘲笑的。所以,每天她都会戴上一副精神抖擞的面具,把自己伪装起来,但在内心深处,她还是会隐隐约约地感到沮丧。

遇到了挫折和失败时,欧阳也会装作满不在乎。她始终把自己最干练、最坚强的一面展示出来,并且告诫自己:"我不能哭,不能倒下,不能那么脆弱,我必须成为强者。"当听到别人说"你是一个充满能量的女人""真的很佩服你"时,她会产生一种优越感和成就感。

离开人群之后,躲在家里的欧阳,大口大口地吃零食。她心里有一种莫名的悲伤和恐惧,怎么都挥之不去。当然,第二天她还会一如既往地出现在人前,像什么事情也没有发生过。

欧阳是真的坚强吗?不,我们都看到了,她有脆弱和无助的一面,只是她不想承认,也害怕承认。对8号人格者来说,把脆弱等同于懦弱,无法承认自身的脆弱,是人格中的阴影部分,也是需要改善和修正的地方。

那么,8号该怎样实现思维的进阶,勇敢承认并接受自身的脆弱呢?

划重点

8号人格者不愿意承认脆弱,是因为潜意识里把脆弱和懦弱等同起来,认为这是一种阴暗的情感,会让自己显得弱小,无法保护自己。其实,虚弱与强大不是对立的关系,它是人性中真实的一部分,更是爱情、归属、欣喜、勇气等情感的诞生地,与懦弱无关。

灵性导师张德芬说:"凡是你抗拒的,都会持续。因为当你抗拒某件事情或某种情绪时,你会聚焦在那情绪或事件上,这样就赋予了它更多的能量,它就变得更强大了。这些负面的情绪就像黑暗一样,你驱不走它们。唯一可以做的,就是带进光来;光出现了,黑暗就消融了,这是千古不变的定律。喜悦,是消融负面情绪最好的能量。"

我们身上的每一种特质、心中的每一种情感,都可以让我们在某一方面有所获得。如果非要刻意压制某些特质,反而更容易让它们成为左右情绪和行为的阴影。以8号人格者来说,拒绝承认脆弱,总是强迫自己表现得优秀、强大,把精力和力量都拿去防御脆弱,维护所谓的自尊心与强大的自我形象,不仅会离真实的自己越来越远,还会越来越没有勇气去表达脆弱。最后,只能独自受困于痛苦与无助中,变得虚弱无力。

下面有三条建议,有助于8号修正思维执念,更好地接纳自我:

○建议1:放下偏见与固执

8号人格者要学会放下偏见,看清这个世界并不是与你为敌,身边有很多人都在关心你、尊重你,只是你的"固执"状态让人难以靠近,甚至让对方的好意遭到误解或伤害。其实,偶尔关心一下他人,不会让你失去什么,也不会使你变得脆弱。恰恰相反,它会巩固你的力量,帮你与他人建立良好的关系,获得更多的支持。

○建议2：尝试向他人求助

8号一直饰演着"挑战者"和"保护者"的角色，任何事情都渴望自力更生，愿意给身边的人提供保护，而自己却不想依赖任何人。他们认为自己是独立的、强大的，也在努力彰显这一特质。然而，现实告诉我们，没有人可以活成一座孤岛。虽然8号在主观意愿上不想依靠他人，但无论是做生意还是处理家庭事务，8号在不知不觉中依赖着很多人。

在工作方面，你是出色的企业家或管理者，自认为是凭借能力走到了今天，员工也是因为你才有了一份工作，你有权决定是否雇用他们。可是，转念想想，你的成就是不是也得依靠他们认真做事呢？当你的事业壮大到一定程度，独自一人应付不过来时，你是否也需要依靠值得信任且有能力的下属来帮你分担呢？

在家庭方面，你努力地为自己和家人谋取生活保障，付出了很多。可是，转念想想，你能够安心地在外打拼，是不是也得依靠有人帮你打理家务、照看老人和孩子呢？毕竟，人的精力都是有限的，很难做到既想事业有成，又能兼顾家庭。

承认自身的局限，承认时间精力有限，在有需要的时候尝试向他人求助，并不意味着自己"脆弱"与"无能"。没有人是万能的，无论自力更生的能力有多强，我们都不可能活成一座孤岛，学会依靠他人的力量，能够帮助我们走得更快、更远。

○建议3：不过分仰仗"力量"

8号经常会高估自己的力量，无论这种力量是来自财富、地位，还是来自强势或蛮力，只要拥有力量，他们就会感觉自己很重要，并试图借此让他人心生畏惧，从而服从自己。然而，8号忽略了一个现实的问题，即使依靠这些力量吸引了一些人围绕在你身边，但那未必是出自真心，他们看重的只是你的某些利益和价值，而你最终可能要为这种浮士德式的交易付出代价。

总之，希望8号人格者能够认识到，这个世界并没有与你为敌，你要学会控制自己的情绪，克制自己战斗的欲望，就算是真的与人发生分歧，也不要把他人看作"敌人"，以和谐的方式共同探索各自真正追求的东西，以达成共识，让自己成为人生的掌控者。不要为追求"自我的主宰"太过竭力拼搏，学会面对自己内心温柔、脆弱的一面，并体会自己内心的情感以及对情感的渴望，与身边的人平心静气地沟通交流，消除自己构建的虚拟战场。

1.6 提升练习：学会尊重、爱与包容

人格健康水平良好的8号，会给予身边人恰当的关注，支持并帮助他们发挥优势、实现梦想。当他们这样做的时候，身边的人也会因为这份关心与帮助对8号充满认可与感激，真心地追随他们。在这种健康的状态下，8号也会关注自己内在的情绪和情感需要，意识到勇敢不仅仅是针对困难和恐惧，也包括对爱与被爱的情感需要和表达，主动向身边人表达情感，真正体验在融洽的人际关系中主宰生命的成就感。

遗憾的是，并不是所有的8号都能够抵达这样的境界，而其他型的人格者也是一样，人格健康水平处于"一般状态"的情况更为普遍。正所谓，每个人都不是完美的，但都有改变和提升的空间与可能性。

划重点

8号在孩童时期，经常会被贴上"专横""听不进劝告"的标签；成年之后，也经常被贴上"强势"的标签，在跟他们相处时，人们往往会感觉到：他们说话直截了当，喜欢直奔主题，从

不拖泥带水；谈话内容常以发布指示为核心，多用命令的口吻，给人一种居高临下的感觉，而且很容易激动和急躁。

　　年初，林莎进入一家广告公司的业务部任职，她头脑灵活、做事认真，工作能力有目共睹，只是在处理人际关系方面不太顺畅。林莎每周的工作时间差不多在55小时左右，基本都是单休，这也使得她看不惯那些效率低、状态不佳的组员。

　　同组的小柔，从来都是踩着钟点上下班，每周工作40小时，还经常因为各种私事缺席与工作有关的活动，不是照看父母，就是带孩子看病，这让作为组长的林莎极为不悦。

　　第一季度考核结束后，林莎找小柔谈话，开门见山地指出："你的工作态度和安排都有问题，我们业务部是靠业绩存活的，个人的能力也靠业绩说话。如果下个季度你的考核还是不通过，我们有责任为关键职位招聘更合适的人才。否则，公司也没法做下去了。"

　　听完林莎的话，小柔沉默了片刻，用颤抖的声音对她说："我并不是一直这样的，你年初才来到公司，对我的了解并不全面。我在业务部工作了四年，连续两年都是业绩冠军，去年年底我家里出了意外，这个阶段，我必须独自担起照顾父母和孩子的责任，这只是阶段性的，但我需要时间和过程。组里的同事知道我的情况，也帮我承担了不少工作，我很感激他们，也希望自己可以尽快渡过眼下的难关，在工作上投入更多的精力。"

　　小柔的解释，似乎并没有得到林莎的共情，她依旧强调说："我只是坦诚地说明业务部对你的期望，以及你应尽的责任。在业务拓展阶段，我们部门至关重要，每个人的表现也很重要。"

"好，我明白了。如果你同意的话，我想申请调换部门，刚好最近人力资源部正在招聘后勤人员，我可以自荐一下。如果不能做后勤，我也可以主动离职，不拖业务部的后腿。最后，也想和你说几句心里话——我没有权力要求你理解我的处境，只是希望能够给我一点缓冲时间，别太苛刻。毕竟，谁的生命中都会遇到艰难的时刻，各自保重吧！"

在就职场问题进行人际沟通时，其他型的人格者往往会先通过寒暄、观察或表达认可的方式，缩短彼此之间的距离，再表达出自己的真实想法和意见。然而，林莎让我们目睹了8号人格者的行事作风，他们认为自己没有义务进行关系预热，也不太关心对方的感受，通常都是直奔主题、采取行动，显得无情又霸道。虽然8号人格者总是处在人群簇拥的环境中，但因为处事风格过于强势，使得他们成为天然的孤独者，别人很容易会被他们的强势姿态吓走。

人格健康层次不佳的8号人格者，总觉得生活充满了危机与不幸，他们时常活在恐惧之中，认为没有足够的力量就难以生存。这种意念就像火山，一言不合就会喷发，带给人强烈的压迫感。在工作方面，他们精力旺盛，甚至挑战生理极限，常常为了完成任务而疯狂熬夜。这是他们的本能，仿佛只有在体力耗尽时，才能感受到自己的存在。然而，不是所有的团队成员都能像他们一样，如果他强迫对方像自己一样付出，很容易引发矛盾冲突。

下面有一些具体的建议，有助于8号人格者提升人格健康水平，改善人际交往的困境：

1. 不要把权威等同于影响力，也不要用权威去压制真理，少用命令的口吻让别人替自己做事，这样更容易成为受欢迎的领导者。

2.有人给自己提忠告是一件幸福的事，千金难买一句真言，要多听取他人的建议。

3.少给自己一点压力，没有人规定做一件事必须得拼命，凡事有度方才理智。

4.不要把身边的人当成私有财产，让他们统统归自己所"管"，帮助别人的同时，要尊重对方人格的独立性，尊重对方的观点。

5.与积极进取的人共事，但也要记住，你总会在工作中遇到不积极的人。

6.了解适度、耐心与协作的价值，并有意识地付诸行动。

7.你需要接受，你不可能总是正确的，也不能始终保证获得预期的结果。

8.你在压力下可以茁壮成长，但其他人不一定。

第九章

9号解读

"我安故我在"的和平使者

1.1 人格素描：
平静温和的"善者"

　　部门同事聚餐，有人提议吃川菜，苏瑾应和说"川菜不错"；有人想吃淮扬菜，苏瑾也说"没意见"。她很少反对别人，觉得只要大家和谐相处，吃什么都无所谓。

　　朋友向苏瑾吐槽烦心事，她总是安静地听着，不随意指责，也不乱提建议，给予对方恰到好处的安慰，让对方慢慢平息情绪。

　　苏瑾与办公室里的各种小团体基本处于"绝缘状态"，她觉得相互攻击、背后诋毁的事情，完全没有必要发生。大家互相让一步，和平相处，有什么不好呢？少了纠纷，工作更有效率。

　　当小组人员遇到意见分歧时，苏瑾会化身成调解员，站在不同的视角和立场劝说，力图维持和平的关系与氛围。她不愿与人发生冲突，也害怕面对冲突。

　　苏瑾的人生哲学是知足常乐，平淡是真。她没有太多的野心，如果能够一直安稳地从事现在的工作，她愿意过几十年如一日的简单生活。不过，苏瑾的性格倒也很适合目前的售后服务，每当有客户发来投诉时，她总能耐心地做调停工作，保持中立的态度，一会儿说说公司，一会说说客户，最后就把问题解决了。

苏瑾的身上,凸显着9号调停型人格者的特质:不追逐名利,不喜欢出风头,温和友善,悠闲泰然,不紧不慢地按照自己的节奏走,践行顺其自然的人生哲学。如果要为9号勾勒出一副人格画像,下面这5个关键词是必不可少的要素:

划重点

关键词1:平和

我是一个平和的人,做事不紧不慢。对于那些我不想做的事,不会激烈地抗议,而是会显得有点儿冷漠。别人都觉得我很好相处,事实上,与人交往的时候,我很少表达自己的意见,如果非要说点什么不可,那也是经过深思熟虑的。所以,朋友都觉得我说的话充满智能,直指核心。我不愿意批评任何人,希望跟所有人和谐相处。

——9号的内心独白

9号的人格特征是追求和谐,他们性格温和,不喜欢与人起冲突,不自夸、个性淡薄。与人相处时,他们会避开紧张与冲突,以维持和谐的人际关系。从某种意义上说,9号是一个天生的感知者。他们的内心很细腻,总能够在第一时间感受到别人情感的变化,觉察到别人最需要什么,并毫无保留地支持他人、为他人挡风遮雨。哪怕在给予的过程中会损伤自己的利益,他们也会那样做,只要一切能朝着和平的方向发展,他们就会感到安定和快乐。

划重点

关键词2：淡泊

9号人格者对生活的要求很简单，在物质和精神方面都没有太过强烈的欲望。他们享受安逸自在的感觉，也比其他型人格者需要更多的休息时间，让自己沉浸在这种状态中。在为人处世方面，9号总是不紧不慢，很少出现急功近利的情况，关注细水长流。他们极少主动去争取什么，甚至会因为过分关注那份和谐感而忽略自己真正想要的东西。

划重点

关键词3：顺从

9号人格者追求闲适安逸的状态，害怕环境里充满纷争和压力，因而会用顺从的方式来面对环境中的人、事、物。他们对周围人的情绪和态度的变化异常敏感，一旦出现冲突和矛盾，便会觉得是自己破坏了这份和谐，浑身不自在。

人格健康水平良好的9号人格者会主动作为，而健康层级一般的9号人格者，则过分强调外界环境的力量，惯依赖他人、顺从他人，刻意避免表达任何意见和自我需求，以构建并维持一个和谐稳定的环境，以免因他人反对自己的意见引起纷争。

关键词4：压制

9号人格者给人的感觉永远是温和友善的，但这并不意味着他们的内心没有愤怒。只是，他们不愿意公开表达这份愤怒，那样意味着要明确自己的立场，可能会主动卷入冲突，破坏脆弱的融洽氛围。所以，他们更愿意对他人点头，同意他人的观点，并将身心中多余的能量消耗在那些不太重要的领域，以平衡自己的内心。

当心中的愤怒与不满积累到一定程度，眼下的局势让他们再也无法忍受时，9号人格者会通过一些间接的方式来发泄自己的怒火。第一种方式就是把自己固定在争论的中间地带，通过拒绝改变的立场来控制行动；第二种是对其他人的意见视而不见，通过不理睬、装聋作哑的方式引发其他人的怒火。

关键词5：怠惰

9号人格者常常以旁观者的姿态面对生活，通过自我退缩来排除外界的影响，这很容易让他们对所有的事物失去感觉，甚至只想活在安乐中，以维护"平和"的状态。他们喜欢按部就班地行动，喜欢把自己调整到"省电模式"，用"低电量"去处理麻烦事，不想花费太多的心思深思熟虑，也不想面对种种矛盾和变数，更不愿意作出取舍和选择，常常给人一种怠惰的感觉。在人格健康层次不佳的状态下，9号人格者会变得很被动、随波逐流，即使看到了问题所在也不去解决，用退缩的方式来抵抗世界。

1.2 健康层级：从"自律楷模"到"自弃幽灵"

划重点

第1层级：自律与自由兼具的典范

第1层级的9号，拥有清晰稳定的自我，可以独立自主地实现自己的想法，不需要用虚假的和平观念压迫自己。他们有自己的原则，知道该走哪一条路，可以坦然地面对自己的内心，按捺罪恶的想法与冲动；同时也很清楚，意念不等于行为。他们肯定自己的价值和尊严，也能够看到别人的价值和尊严，愿意为世界作出自己的贡献。

这一层级的9号，与世界的关系是和谐统一的，并非全然地融合，而是相互联结与扶持，保持着独立的自我。他们欣赏这种状态，能够克制自己，坚持自由。在自律与自制方面，他们是所有人格类型中最难得的，称得上是楷模。

划重点

第2层级：内心纯善的感受者

第2层级的9号，为了追求内心的平和，会降低自我的地位，在自我方面有所迷失。这与他们早年的经历有关，可能是过分认同父母或其他养育者，不希望与之发生冲突，从而出现不和谐的局面。于是，就屈从于对方的想法，将其内化成自己的想法。当这种认同逐渐成为习惯，他们就会对周围的人也表现出积极认同的倾向。

这一层级的9号，内心纯善，不会占人便宜，也不会使用欺骗和暴力。他们乐观地看待周围的事物，对他人有发自内心的信赖。他们欣赏君子，对其有更多的认同；但也不厌恶小人，在保持距离的基础上，也不吝惜给予他们一些好处。他们热爱自然中的一切，看淡生死，不惧衰老和疾病，顺其自然。

划重点

第3层级：充满爱意的和平使者

第3层级的9号，把和平作为生活的主基调，希望世界充满和平，并愿意为之努力。他们有很强的同理心，能看到他人的心情和需求，感知到他人的恐惧，懂得如何安慰受伤的心灵。

这一层级的9号，性情温和，充满爱意，没有强大的冲劲，也没有强硬的观点。他们可以营造出轻松的环境，思想上有很大的包容性，这样的宽松氛围可以帮助他人获得较大程度的发展。他们不喜欢出风头，有时会被人忽略，但是和平的背后，一定有他们的身影。

> **划重点**

第4层级：降低自我欲望的迁就者

第4层级的9号，与自我发生了一些断裂，与他人的关系也开始呈现出畸形的状态。他们会忧虑自己的行为，认为它们可能会损害和谐，为此会主动降低自己的欲望，用迁就的方式来维持和平的状态。他们对于很多问题的答案都是"随便"和"听你的"，无法让别人清晰地看到自己的底线，为此也承受许多本不该承受的痛苦。

这一层级的9号，在生活方面不挑剔，也不太讲究条件，通常会为了获取和平而迁就周围人。在各种关系中，他们都会服从社会或他人施加给自己的角色，而不是以主动的姿态饰演自己的角色。这种做法很容易让他们落入平庸。

> **划重点**

第5层级：置身事外的逃避者

第5层级的9号，在自我地位上进一步降低，认为自己无力改变什么，总是试图逃避问题，做事心不在焉，与自己要解决的问题分离开来。他们对周围的世界表现得很冷漠，虽然内心是友善的，可他们懒得思考、懒得行动，也不愿意主动去做事，总觉得许多事情都跟自己无关，也没有什么东西能够引起他们的兴趣。

他们经常关注自己的小幻想，喜欢谈论形而上的问题，不愿意接触现实。一旦有事情发生，就会感到焦虑，不敢直面问题，经常用一些事情转移注意力，结果让事情变得更加糟糕。他们安于现状，不愿放弃固有的习惯。

这一层级的9号，表面上看起来不愿做事、压抑需求，实则内心对自己的不作为充满了愤恨与厌恶；同时，他们也厌恶外界给了自己太多的不公平。因为周围的人不满意他们置身事外的态度，也感受不到他们的热情与活力，经常会疏远他们。此时的9号，慢慢排除在大家的生活之外，他们的不积极、不参与，让生活中矛盾不断积压。

划重点

第6层级：顺其自然的宿命论者

第6层级的9号，为了追求平静的内心，遇到问题时总是将其视为命运的安排，属于典型的宿命论者。对于发生的事情，他们认为没必要去打破它，一切自有定数，顺其自然就好。当别人试图提供帮助时，他们不会心存感激，反而会认为别人太慌张，对自己要求太多，事情本身没什么大不了，一切都会过去。他们总在期待奇迹发生，却没有意识到这是不靠谱的等待。

这一层级的9号，表面良善，实则既不爱人也不爱己。他们看重的只是和平，为了这个目的可以牺牲身边的所有人，甚至是自己。无论身边人对他们的不作为感到多么痛苦,只要他们的内心是平静的,那么一切都无所谓。他们忘记了,命运终究是要靠自己才能发生改变。

划重点

第7层级:逆来顺受的防御者

第7层级的9号,依旧重视内心的和平,但他们在面对问题时选择的是防御,不承认问题的存在。当别人批评他们不作为,他们会勃然大怒,认为别人侵犯了自己的内心领域,干扰了自己的平静。面对他人的惩罚和进攻,他们会用逆来顺受的方式回应,就算遭到了别人的欺负、侮辱和虐待,他们也会给这些行为贴上"正当"的标签。

这一层级的9号,把自己看得很轻,即使内心也有愤怒,但是为了和平,他们甘愿选择忍耐。他们尚未意识到,这种逆来顺受的做法会造成多么严重的后果?他们的疏忽会伤害多少人?他们的不作为让多少人寒心?他们又忽视了多少责任?当他们明晰这一切时,通常已经太迟,面对这样的现实,他们可能会感到焦虑、绝望,甚至做出过激的行为。

划重点

第8层级:抽离一切的机器人

第8层级的9号,依旧坚守内心的和平信念,却难以承受现实的压力。他们逃避现实，也逃避自己，不愿意面对生活中的危机。他们逐渐丧失自我意志，转移自己的思想和情感，像抽离的机器人一样，与周围的一切脱离联系，让自己不去思考，以免受干扰。

这一层级的9号，把生活视为一场梦。这样的话，即使是噩梦也无须害怕，因为醒来之后就没事了。他们从来不去思考，该怎样从噩梦中醒来。有时，他们很渴望回到童年，过无忧无虑的生活；有时，他们会陷入回忆之中，或是歇斯底里地大哭。

划重点

第9层级：自暴自弃的幽灵

第9层级的9号，承受的压力已经超越极限，精神世界已彻底崩塌，人格也完全破裂。从某种意义上来说，他们已经不能称之为一个真正的人。他们不再依靠他人的命令，不与他人融合，也不再执着于和平，过去束缚他们的东西已经彻底消失，而他们的思想也随之消失了。对他们来说，一切都变得没有意义了，他们成为自暴自弃的幽灵，在世界上漫无目的地飘荡。

1.3 注意力焦点：
避免纷争与冲突

当我感受到环境中的负面情绪，预感到可能会出现纷争与冲突时，我会感觉很不自在。

当我和朋友的观点出现分歧时，我很担心争论下去会发生冲突，即使我的内心深处仍然坚持自己的想法，但还是会选择应和对方的观点、迁就对方，或是找一个彼此都能接受的方案等，尽可能地避免纷争。

如果是身边的两个同事因为一点事情发生了争执，我也会很紧张。因为我曾经有过被冲突的双方夹在中间的经历，体会过那种左右为难的滋味希望他们尽快地回归平静。每每这时，我会充当调解员的角色，帮助他们调和矛盾。

——9号的内心独白

人格健康水平良好的9号，可以积极地回应冲突而不激化问题，在冲突中尽显自身的独特天赋，站在双方的立场思考问题，找到共同的契合点，赢得双方的认同。然而，当人格健康水平处于一般状态或不佳状态时，9号就会尽量地避免冲突与矛盾。

划重点

为了维系内在的平和与安全感，9号人格者在追求与环境和谐相处的过程中，会把注意力焦点放在如何避免与他人产生纠葛与冲突上。他们保持着审时度势的态度，依靠敏锐的觉察力提前发现他人的利益所在，并主动避开"雷区"，避免卷入利益的纷争之中。

在人际关系中，9号人格者这种自动化的注意过滤，可以让自己免于利益纷争，也能够提前预知他人的情绪变化。这种敏锐的情绪嗅觉，不仅赋予了9号良好的人际关系，也在工作领域给他们带来了益处。

9号人格者都很擅长客户服务，他们会本能地站在客户的立场思考问题，诚心诚意地帮助客户解决问题。同时，他们很在意团队成员相处得是否融洽，无论是否身在高位，都不会让人产生压迫感和距离感。低调温和的9号人格者，处处表现出善意与慈悲，让身边的人感觉很温暖、富有人情味，乐于和他们一起为了共同的目标努力。

划重点

9号人格者善于倾听别人的心声，也对别人的需要有着敏锐的判断，这是其人格中的闪光点。然而，事物总有两面性，如果把太多的注意力投放在他人的利益和需求上，不顾自己的实际情况，可能会让自己陷入没有焦点、松散混乱的境地，最终被压力困扰。

我曾经是校足球队的队员，擅长进攻，赢过很多次比赛。我个人没什么特别的想法，就是单纯地喜欢和队友们在一起的感觉，感受这个集体的热情和活力，为球队出一份力。通常，我不太发表意见，哪怕某个决定是我不喜欢的，但只要大家一致通过，我也不会说什么。

——9号的内心独白

9号很少会思考自己的立场，宁可服从他人的安排，也不愿意坚持己见。其实，他们并非没有想法和意见，只是直接说"不"意味着必须要选取一个立场，他们担心自己表明立场后，会让一些人失望，从而导致关系的疏远。

在情感关系中，9号人格者无疑是一个温柔善良的伙伴，他们会把注意力高度集中在关系亲密的人身上。虽然表面看起来可能有那么一点点"迟钝"，但他们的共情能力却是极其敏锐的，可以轻而易举地走进谈话对象的内心，说出对方的真实感受，让人产生知己的感觉。

如果9号爱上了一个人，他们会将情感关系的主导权都交给对方，把对方放在第一位。在这种心态的驱使下，9号往往能够维持长久的亲密关系，哪怕他们已经对伴侣失去感觉，也会按照惯性去维持这种关系，虽然这不是他们真心希望的选择。

我喜欢平静的生活，不愿与任何人发生冲突。在亲密关系中，我不期待彼此之间发生什么生离死别的经历来证明情比金坚，只要无风无浪、平平淡淡地相处，就很满足。我很少说甜言蜜语，也很少会制造惊喜，但我会全心全意地爱她，为了她的心愿和目标去努力。

——9号的内心独白

9号的这些行为表现，可能会让你联想到2号助人型人格者，因为两者的注意力焦点都与他人的需求相关，在人际交往中率先考虑他人的想法和感受，有迎合他人的倾向。不可否认，这是两者的相似之处，但他们的行为动机存在本质的区别。

2号助人型待人友好、慷慨大方，他们所做的一切并不是完全无私的，而是渴望获得同等的关心与认可；9号调停型性情温和、善解人意，他们所做的一切只是为了维护内在的平静与安稳，避免冲突的发生，对自身的境遇漠不关心，内心有一层淡漠麻木感。

划重点

9号人格者随波逐流、无为的态度，来源内心的空无和精神怠惰。这与9号自我麻醉的心理防御机制有关，他们选择隔离自己真实的想法和感受，换取暂时的和谐与平静。

为了减少与他人的冲突，9号人格者压制了需求和感受，特别是核心情绪愤怒。然而，压制不代表消失，毕竟愤怒的力量不可小觑，怎样才能让愤怒"沉睡"呢？9号选择自我麻醉，他们的眼神很容易失去焦点，给人一种无神之感，这正是自我麻醉防御机制的体现。喜欢这种眼神的人，透过它看到的是平静、安宁；不喜欢的人，透过它看到的是冷漠、空洞。

在此想给9号人格者一点建议：对于冲突，既不要主动引发，也不要刻意回避，保持不迎不拒、顺其自然的态度。和谐的关系不在于完全没有冲突，而在于如何处理和面对冲突。

划重点

托马斯·基尔曼冲突模型是世界领先的冲突解决方法，它划分了5种常见的冲突处理方式和适用情形，9号人格者不妨以此作为参考，练习用恰当的方式地处理冲突。

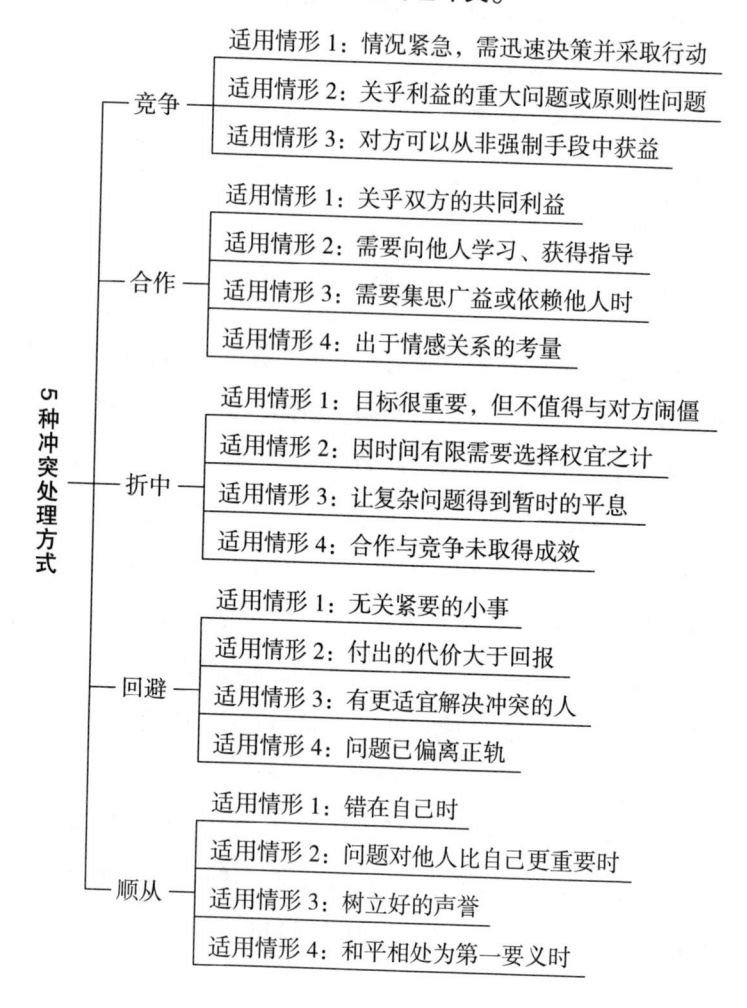

5种冲突处理方式

- **竞争**
  - 适用情形1：情况紧急，需迅速决策并采取行动
  - 适用情形2：关乎利益的重大问题或原则性问题
  - 适用情形3：对方可以从非强制手段中获益

- **合作**
  - 适用情形1：关乎双方的共同利益
  - 适用情形2：需要向他人学习、获得指导
  - 适用情形3：需要集思广益或依赖他人时
  - 适用情形4：出于情感关系的考量

- **折中**
  - 适用情形1：目标很重要，但不值得与对方闹僵
  - 适用情形2：因时间有限需要选择权宜之计
  - 适用情形3：让复杂问题得到暂时的平息
  - 适用情形4：合作与竞争未取得成效

- **回避**
  - 适用情形1：无关紧要的小事
  - 适用情形2：付出的代价大于回报
  - 适用情形3：有更适宜解决冲突的人
  - 适用情形4：问题已偏离正轨

- **顺从**
  - 适用情形1：错在自己时
  - 适用情形2：问题对他人比自己更重要时
  - 适用情形3：树立好的声誉
  - 适用情形4：和平相处为第一要义时

1.4 情绪困扰：
不断顺从却仍被忽视

> 每次和父母逛街，我总是要买一件小玩意回家，哪怕是一颗糖，或是一张纸。有一次，我想买个玩具，母亲不同意，我就一直哭闹，但母亲并没有理会。回家之后，我一个人坐在客厅里继续吵闹，一直到晚上，父母和兄弟姐妹相继都睡了，也没有人搭理我。我哭得累了，就上床睡觉了。第二天醒来，我完全忘了昨天的事，照常生活，内心没有任何波澜起伏。
>
> ——9号的内心独白

很多人好奇，9号调停型的人格特质是怎样形成的呢？

9号人格者在童年时期，可能试图表明自己的观点，却遭到父母的怒斥或冷落。即使表达了愤怒，也被彻底无视。他们害怕太坚持自己的看法会被父母抛弃，就选择尽量与父母保持"同频"，不断调整自己对外界的看法。最后，他们找到了一种模式——完全妥协，不再把自己看成是重要的，通过向父母认同来获得内心的和谐，并找到自己的位置。他们相信，只要自己乖乖听话，就会赢得父母和周围人的喜爱，就能得到恬静愉快的生活。

我小时候很怕看见父母吵架，每当他们争吵时，我都会跑到自己的房间里。如果吵架声太大，我会躲进衣柜里，不想听见任何的争吵声。有一次，父母吵完架，我走出房门，看到父亲一声不响地坐在椅子上，愁眉苦脸，欲哭无泪。我当时很难受，就哭了起来，内心觉得父亲受到了伤害。可是第二天，我的内心又恢复了平静，没有记挂父母吵架的事。

——9号的内心独白

在这样的环境中长大，9号就发展出了追求和平、畏惧冲突的人格特质。

在9号人格者看来，只有把自己**塑造成一个和善的形象**，把自己的专注投放到他人的立场，与别人融为一体，避免因个人立场引起冲突，才能保证和谐与平静，无忧无虑地生活。他们害怕因为自己的想法与众不同而引发冲突，更担心会因此失去他人的关爱，从而失去一份与人和谐共融的内心联结，陷入孤独的状态中。

为了实现无冲突的状态，为了不被众人忽视和遗忘，9号人格者总是很关注别人的反应，顺应别人的要求，让自己的行为按照既有的模式来，放弃自己的想法和感受，用"我不想受到影响"的心态来缓解内在的压抑，不断降低自己的需要。

划重点

过分地放弃自我认同，固然可以避免一些相处上的冲突，但不是每个人都欣赏欠缺个性的人；同时，过分的沉默、压制自己的情绪，也让9号慢慢被身边的人忽略，陷入"不断顺从却仍被忽视"的苦闷之中，这是他们潜意识里最不想面对的事，也是他们最深层的恐惧。

《被嫌弃的松子的一生》是一部耐人寻味的电影。

童年时期的松子，羡慕患病的妹妹可以得到父亲的关注和温情，而自己却总是被忽视。她不敢表达愤怒与不满，也不敢强调自己的真实需求，只是努力去满足父亲的期待。偶然一次，她朝父亲做了一个鬼脸，把父亲逗笑了。自那以后，这个"鬼脸"就成了松子的招牌表情，而那份透着卑微的讨好也成了她后来在工作和爱情中的主旋律。

在学校当老师时，松子害怕冲突，袒护偷窃的学生，结果被开除。无颜面对父亲的松子，悄无声息地离开了家。之后的日子里，她遇到了很多人，对他们倾尽所有，哪怕违背自己的意愿甚至是触碰底线，也在所不辞。卑微得像尘埃一样的松子，害怕冲突，害怕被抛弃，因而不断地顺从他人的需要，结果却一次次地遭遇忽视和背叛。受尽了身心折磨的松子，独自生活在黑暗邋遢的小屋里。

直到有一天，松子在幻想中看到了妹妹，替她剪了新发型。她突然醒悟，觉得自己的人生还有希望。当她迈着蹒跚的步子走出家门后，却被一群熊孩子用棍子打死了。就这样，松子结束了她悲哀又坎坷的一生，连死都显得如此荒诞和随意。

9号人格者既想让别人重视自己，却又给人一种他们不重要的感觉。究其根源，恰恰是因为他们总是习惯性地迎合他人的需要，宁愿委屈也要成全他人。

划重点

心理学上有一个常见的现象叫"强迫性重复"，意指我们会不知不觉地在人际关系尤其是亲密关系当中，不断重复童年时期印象最深刻的创伤，或是创伤发生时的情境。除非遭遇重大事件迫使我们改变，通常情况下没有人会主动修复它们。人格的改变基本都是在现实压力下被动发生的，或是主动寻求心理治疗而发生的。

也许是年少时不受重视的经历，在9号的内心发酵出了自卑的情结，这份自卑让他们不敢表达自己的想法，没有勇气面对冲突，只能自我麻醉。原生家庭对人格的负面影响，或许可以称之为原罪，但它不总是谱写出悲惨的结局。

我们总是会遇到无数我们无法克服的难题与障碍，但这一切，并不能成为你自卑下去的理由。没有人能够长久忍受自卑情结的侵扰，还会因无法承担内心的压力而走上极端，只有克服自卑，让自己强大起来，才会成为真正的强者。

——阿德勒

松子没有机会让人生重新来过了，她的生命永远定格在了故事的末尾。我们比她幸运，因为我们还有选择。世上没有完美的原生家庭，每个人或多或少都会受到原生家庭的影响，但它不是主宰命运的根本。重要的是学会向内看，依靠自己的爱和力量去弥补童年的缺失，而不再拼命向外去寻找的时候，就走出了原生家庭的桎梏，成为自我人生的主宰。

对9号人格者来说，如果你总是为了避免冲突一味地顺从他人，逃避自己的感受，那你需要反思一下，自己是否被原生家庭禁锢了？现在的你已经长大了，不再是当年的那个小孩，而你面对的人也不都像父母那样，会无视你的想法和感受；就算真的遇到了这样的人，你也要提醒自己，你已经长大了，有力量去捍卫自己的需求和权益。

改变从来不是一蹴而就的，都是靠细微的积累。比如：在菜市场买菜时，你发现商贩算错了价格。当时正值热闹的中午，周围全是顾客，到底说不说呢？尝试大胆地说出来吧！那不只是三五毛钱，而是在合理的情况下，你敢不敢表达自己的立场，捍卫自己的权利。

不止如此，你还要经常地提醒自己："我的存在很重要！我的想法值得被倾听！我的感受值得被重视！"为自己而活，开放胸怀、放开过去，充分认识自己的价值和地位，重建自尊与自信，爱惜自己。这样的你，会更受欢迎、更被珍视。

1.5 思维进阶：
愤怒是强有力的保护者

让我明确自己的立场是一件很难的事，可是对于他人的某些言行，有时我的内心会感到无比愤怒，只是不会轻易表现出来。一年之中，也会爆发那么两三次，但是每次爆发都很可怕。那种感觉难以形容，整个人变得很兴奋，身体也充满了力量，就像是我终于找到了自己的立场并表达出来，从而获得了一份奖赏。

现在的我，已经改变了很多，学会了及时表达自己的愤怒，且不需要特别针对某一个人。我欣喜地发现，世界并没有因为我表达出了自己的立场而轰然倒塌，这种体验颠覆了我过去的认知，也给我的生活带来了改变。在与人相处时，我越来越多地体会到，我的想法、我的感受、我的不满，也是会被人倾听和理解的；即使彼此有不同的看法，也不意味着各抒己见会让关系受损。当然，有些时候我还是会犹豫、纠结或是顺从，但没关系，成长本就是缓慢的。

——9号的内心独白

人格健康水平处于一般状态或不佳状态的9号，内心总是充满了挣扎，一方面是不断积累的被压抑的愤怒情绪，另一方面是对各方立场的全面考量和顾虑。其实，如果9号人格者能够选择直接的方式表达愤怒，他们将会获得极大的解脱。

有句话说得好："树欲静而风不止。"你越害怕冲突、追求平静，不平静的事情越会主动来招惹你；你越想当个"和事佬"，越容易被人忽视，被无止境地侵犯底线。在这样的处境之下，为了维护内在的平和，9号人格者总是要做一些违心的事情，把闷气咽到肚子里。

划重点

9号人格者不仅自己不敢发脾气，也害怕别人发脾气，认为只要不发脾气就能够避免冲突。殊不知，冲突不会消失，不在外部解决，就会变成自我冲突。在这个问题上，9号人格者需要破除思维上的桎梏，不能只盯着"愤怒—冲突"的关系，还要看到"愤怒—保护"的关系。

情绪是人类正常的心理活动，无论这种情绪是正面的还是负面的，都有其存在的意义，不必进行褒贬的评价。没有任何一位情绪管理专家说，控制情绪就是不能有愤怒、不能发脾气，这是对自我情感的压抑，也是对自我的不善待。况且，发脾气分多种情况：鸡毛蒜皮的小事，确实没必要大动干戈；然而，遇到了碰触自身底线的问题，就不能保持沉默或顺从了。此时，明确立场、表达愤怒，可以让对方清楚你的态度，知晓你的底线。

划重点

愤怒有可怕的一面，但也是一个强有力的保护者。当我们的生命、权利、尊严、个人边界受到威胁时，愤怒是最直接、最真实的反应，它在提醒我们——正视感受、保护自己、捍卫自己，认真对待眼前这件让你愤怒的事，这是愤怒情绪存在的积极意义。

在生活中习惯了隐忍与顺从的9号人格者，不妨仔细品读一下这番话：

"我多么愿意别人欣赏我的礼貌，我的大度，可实际上，他们只是享受我的礼貌，甚至玷污我的礼貌。有的人即便你无数次忍让他，也不能停止他的攻击与辱骂，他会越来越猖獗，到后来连我的家人都要连带一起骂。如果我不打断他，他是不会罢休的。"

追求内心的平和状态不是错，包容和隐忍也是一种修为，但是千万不要用扭曲的"好人思维"麻痹自己，该表达的愤怒必须要表达，不能用勉强和委屈来压抑自己的想法和感受，要让对方清晰地看到你的边界，看到你该争取时不妥协的态度。毕竟，不是所有人都如你一样友善温和，试图压榨和索取你的人也是存在的，你的愤怒就是要让他们望而却步，知晓你的立场，不敢轻易碰触你忌讳的东西。

划重点

在完善人格的路上，9号人格者切忌迷失真实的自我，要勇敢去面对内心的不甘、不愿和愤怒：如果你很介意一件事，那就告诉对方；如果你不愿意做一件事，就不要勉强；如果对方的咄咄逼人让你愤怒，那就勇敢地表达你的谴责和反抗。你不需要成为"卫道士"，但要做一个坦诚的人，哪怕很普通、很平凡，这份真心和坦诚，也可以让你驰骋生活。

1.6 提升练习：
打破不敢拒绝的枷锁

人格健康水平良好的9号人格者，可以做到坦诚地面对自己内心的情感和需要，且敢于表达真实的想法。虽然在行动上依旧是不紧不慢的节奏，但这份敢于争取的态度会让身边的人另眼相看，多给予他们一份重视。

一直以来，9号人格者给人的印象都是友善平和、与世无争的。所以，当他们表达出自己的需要时，通常更容易获得外界的支持与帮助。在这样的状态下，9号人格者会开始关注自己，把自己的需求和感受放在前面，也能够梳理清楚事情的轻重缓急，按照顺序逐一地完成，有条不紊地实现高效与和谐。此时的9号人格者，给人的印象不仅是温和友善的，还多了几分处乱不惊的淡定与从容。

人格健康层级处于一般状态或不良状态的9号，为了维系内在的安稳状态，会把注意力的焦点投放到外部的环境中，时刻留意他人的情绪变化和需求，试图用满足他人利益的方式来避免冲突。在这一潜意识的操控下，9号人格者就显得没那么从容了。

日本作家太宰治在《人间失格》里写道："我的不幸，恰恰在于我缺乏拒绝的能力，我害怕一旦拒绝别人，便会在彼此心里留下永远无法愈合的裂痕。"

用这番话来描述9号人格者的内心写照，真是再合适不过了。在人际交往中，他们不太敢明确立场，表达想法和需求，也很难开口拒绝别人。在他们看来，一旦拒绝了别人，就会影响到对方的利益或需求，让对方产生不满的情绪，使原本融洽的关系变得紧张或疏远。所以，即便9号人格者自己有难处，即便对方的请求不太合理，他们往往也会选择默默成全。

我现在越来越怕看到闺蜜群的消息，生怕她们又提出代购的请求。以前在国内时，我经常和她们一起玩，也受过她们的照顾。后来，我到美国工作，主动给她们邮寄过一些东西。渐渐地，她们就开始让我帮忙代购，虽然隔着12个小时的时差，可我经常会在半夜收到消息。

偶尔代购一次没什么，毕竟都是朋友。让我为难的是，她们隔三差五就要我帮忙代购，却隔上两三个月才付款，理直气壮的一句谢谢都不说，好像我这么做都是应该的。有时候我是不愿意的，可群里有四五个人，要是我回绝了其中的一个，她们肯定都知道了，私下里不晓得会怎样议论我？我不想破坏和她们的关系，可我也有自己的工作和生活。

——9号的内心独白

9号人格者经常会忽视自己的利益去成全他人，实际上这并非伟大感人的壮举，而是一个恶性的循环：你越是无底线地妥协，别人越不懂得尊重你，而你拱手让出的应得利益也就越多。

朋友之间没有必要斤斤计较，但这并不意味着，可以习惯性地放任自己吃亏，没有底线地损伤自己的利益。在分内的利益面前，一味地谦让与妥协并不是理智的做法，每个人都有权利争取自己应得的东西。

　　心理界限健全的人,对于生活和他人都有明朗的态度,做事的立场也很坚定,观点清晰,有自己的追求和信仰;相反,生活中没有界限的人,恰恰是因为心理没有判断的标准,因而做什么事都举棋不定、态度暧昧,对待爱情、工作和生活,完全没有参考的标准。这样的人在与人交往时,总处于被动的境地,一旦别人态度稍微强势些,他们就会毫不犹豫地妥协和退让。

——美国执业心理医师　约翰·汤森德

　　对于9号人格来说,他们最大的苦恼和阻碍是——"不敢"拒绝!积压了太多愤怒的他们,可能也不止一次地问过自己:为什么"我"总是无法说"不"?

划重点

　　从心理学角度来说,害怕拒绝往往是没有树立起健全的界限意识。

　　界限,不仅包括生理界限和心理界限,也包括情绪界限,是一种拒绝有可能会对自己的身心造成伤害的事情的能力。树立个人界限,可以帮助个体保护自己的时间、隐私、财富和健康,也能保障个体在社会中获得最基本的尊重和礼遇。

　　针对这一情况,9号人格者需要在认知和行为上作出调整:

○ step1:认识到拒绝的价值,它是对自己的尊重与保护

　　早年的成长经历或负面体验,让你对拒绝心存芥蒂。你要了解过去所承受的忽视与伤害,用悲悯和爱护慢慢溶解内心的冰

山。拒绝不合理的请求对自己的尊重和保护，习惯性地付出和迁就，容易让人觉得你很软弱，也很容易被人轻视。健康的关系建立在相互尊重的基础上，合理的拒绝比一味地付出和迁就更能让人明白该如何正确对待我们。

○ step2：作决策之前，询问自己内心的感受

在作出决定之前，扪心自问一下：我真的想这样做吗？如果我不想，我能不能拒绝？如果我愿意，那我这么做是为了什么？过程和结果真的让我感到愉悦吗？

○ step3：坚定立场，表达想法是有主见的象征

美国励志导师奥里森·马登说："如果一个人有自己的主见，他在任何人面前、任何场合都能够慷慨陈词，表明自己的想法，捍卫自己的利益。相信自己、坚定立场、坚持主张，不但会让自己活得舒心而且也不会丢掉你的工作；如果你做事毫无主见，你在生活中就会瞻前顾后、畏首畏尾、胆小怕事，活得不自在，很憋屈。如果没有主见，你往往也会过低地估计自己的能力，害怕失败，不敢果断行事，因循守旧，在工作中很难有创新和突破。所以，缺乏主见的人在生活中常吃亏，在事业上难成功。"

在这番话里，奥里森·马登清楚地告诉我们如何设定拒绝的界限：当你在集体中时，要跟很多人产生关联，此时你要有主见，坚定自己的立场。因为，你坚守的是自己想要的东西，它体现了你的心声、你的愿望、你的尊严、你的价值，值得你去追求和捍卫。

○ step4：拒绝之后，给出合情合理的解释

9号人格者要认识到，拒绝本身不会直接引起他人的反感和

抵触，关键是拒绝的方式。在面对熟人的时候，如果能在拒绝之后，给出合情合理的解释，往往可以赢得他人的理解，不会造成关系的恶化。如果条件允许，且对方接受，可以提供替代方案，实现双赢的结局。

多年养成的思维和行为模式一定是有意义的，它在许多我们无法自知的时刻保护着我们。然而，当生活发生了变化之后，有些模式却没有随之消退，以至于变成了困扰。对9号人格者来说，学会拒绝不是一蹴而就的事，需要一步步地来。

如果你觉得直接说"不"很难，不妨先尝试"不立刻回复他人"，如"我现在有些忙，稍后回复你好吗""我需要考虑一下，你的请求可能跟我的既定安排有些冲突"，多给自己一点时间，你就多了一份属于自己的空间；若是无法做到口头拒绝，也可以用文字来表述。

最后，想把人本主义心理学家罗杰斯的一句箴言送给9号人格者："生命的过程，就是做自己、成为自己的过程。"只有不断为自己的人生作出选择，才算是真正地活过。